超大直径空心独立复合桩基础承载特性及工程技术研究

董芸秀 冯忠居 戴良军 崔林钊 何静斌／著

中国矿业大学出版社

·徐州·

内 容 提 要

超大直径空心独立复合桩基础是 21 世纪初由我国专家首次提出的一种新型深基础形式。它集预制桩、钻孔桩以及复合地基三者的优点于一体,给桥梁桩基领域带来了新的活力,蕴藏着巨大的经济与社会效益。本书在对超大直径空心独立复合桩基础构造与施工工艺介绍的基础上,基于离心模型试验,揭示了桩周注浆和外围水泥搅拌桩对大直径空心桩承载力影响的内在机理;利用数值仿真技术,系统研究了不同桩土参数对桩基承载力性状的影响,提出了超大直径空心独立复合桩的摩擦桩与端承桩、刚性桩与弹性桩的界定标准;采用理论分析方法建立了超大直径空心独立复合桩基础竖向和横向荷载作用下的承载力计算公式和内力计算公式;最后提出了完整的超大直径空心独立复合桩设计计算方法。

本书可供公路工程、桥梁工程等专业领域的科研、教学及基础工程的设计、施工与管理人员参考。

图书在版编目(C I P)数据

超大直径空心独立复合桩基础承载特性及工程技术研究 / 董芸秀等著. —徐州:中国矿业大学出版社,2022.12

ISBN 978 - 7 - 5646 - 5533 - 4

Ⅰ. ①超… Ⅱ. ①董… Ⅲ. ①空心基础—独立基础—大直径桩—复合桩基—桩承载力—工程技术—研究 Ⅳ. ①TU473.1

中国版本图书馆 CIP 数据核字(2022)第151744号

书 名	超大直径空心独立复合桩基础承载特性及工程技术研究
著 者	董芸秀 冯忠居 戴良军 崔林钊 何静斌
责任编辑	何晓明
出版发行	中国矿业大学出版社有限责任公司
	(江苏省徐州市解放南路 邮编 221008)
营销热线	(0516)83884103 83885105
出版服务	(0516)83995789 83884920
网 址	http://www.cumtp.com E-mail:cumtpvip@cumtp.com
印 刷	苏州市古得堡数码印刷有限公司
开 本	787 mm×1092 mm 1/16 印张 16.25 字数 292 千字
版次印次	2022 年 12 月第 1 版 2022 年 12 月第 1 次印刷
定 价	68.00 元

(图书出现印装质量问题,本社负责调换)

前　言

　　超大直径空心独立复合桩是由空心桩、外围水泥搅拌桩和桩周注浆体共同承载的新型桩基础,桩周注浆体和外围的水泥搅拌桩强化了桩周土,均大大改善了桩周土的工程特性及其桩-土相互作用,但这一作用对桩承载力(竖向、横向)改善的程度如何,该桩型的承载机理如何,其设计计算方法及计算参数的确定方法及其与现行规范的差异如何,相应的设计技术与参数如何选取,这些尚未解决的问题严重限制了该全新桩型的推广应用。因此,本书在对超大直径空心独立复合桩基础的构造与工艺详细阐述的基础上,通过离心模型试验、数值仿真及理论分析方法,对该类桩的竖向和横向承载特性进行了深入研究;系统研究了不同桩土参数对桩基承载力性状的影响;提出了该类桩的摩擦桩与端承桩、刚性桩与弹性桩的界定标准;揭示了桩周注浆和外围水泥搅拌桩对大直径空心桩承载力影响的内在机理;提出了超大直径空心独立复合桩在竖向荷载作用下的承载力计算公式及横向荷载作用下的内力计算公式,该公式的建立对现行《公路桥涵设计规范》中缺少该类型桩荷载计算理论公式是有益的补充;最后,提出了较为系统的超大直径空心独立复合桩设计计算方法。

　　本书由陇东学院董芸秀等老师所著。全书共分7章。第1章介绍了超大直径空心独立复合桩的产生及类型,评述了大直径空心桩技术面临的挑战。第2章介绍了超大直径空心独立复合桩基础的构造与施工工艺,着重介绍了空心桩工艺。第3章通过离心模型试验研究了大直径空心独立复合桩基础竖向和横向承载特性,分析了各桩土参数敏感性。第4章利用数值仿真技术系统研究了在桩土参数变化下超大直径空心独立复合桩基础的承载特性,提出了该类桩的摩擦桩与端承桩、刚性桩与弹性桩的界定标准。第 5 章在剖析桩基荷载传递机理的基础上,采用理论分析方法,提出了超大直径空心独立复合桩在竖向荷载作用下的承载力计算公式及横向荷载作用下的内力计算公式。第 6 章从复合桩的尺寸参数、承载能力和技术三个方面评价了超大直径空心独立复合桩的适用性。第 7 章分析了现行规范中桩基设计计算存在的问题,系统介绍了超大直径空心独立复合桩基础的设计计算方法。

本书的出版得到了陇东学院著作出版基金的资助以及安徽超大直径空心独立复合桩基础项目有关领导和工程技术人员的指导、支持和帮助,感谢中交一公院牛宏正高级工程师及长安大学张宏光老师、王富春老师、赵瑞欣老师、王溪清老师、孔元元老师等在研究中给予的中肯建议;研究生文军强、冯凯、胡海波、赵亚婉、王蒙蒙、徐浩、江冠、张聪等在试验和数值分析方面做了大量工作,在此,对他们的辛勤劳动表示诚挚的谢意。

由于时间紧促,加之水平所限,书中不足之处在所难免,敬请读者批评指正。

著 者
2022 年 7 月

目　录

第1章 绪 论

1.1 桩基础的发展趋势

桩基础的起源较早,在中国已有六七千年的应用历史。桩基础作为一种深基础,能利用本身远大于土的刚度将上部结构的荷载传递到桩周及桩端压缩性较小、较为坚硬的岩土层中,根据不同需要满足建(构)筑物的荷载和变形要求。近年来,随着高速公路、大型桥梁及其他大型工程建设事业的蓬勃发展,为满足大跨度、大荷载及复杂岩体环境的要求,桩基础因具有承载力高、变形小等优良性能被广泛应用。据不完全统计,桩基础在我国公路桥梁基础中的比重达 40% 以上,其中,大直径桩的年用量超过我国年用桩总量的 20%。目前各行业规范、学者对基础按直径进行的分类标准各不相同,如我国《建筑桩基技术规范》(JGJ 94—2008)中将 $D \geqslant 0.8$ m 的桩定义为大直径桩,在《港口工程预应力混凝土大直径管桩设计与施工规程》(JTJ 261—1997)中将 $D \geqslant 1.2$ m 的桩定义为大直径桩,而我国公路桥梁专家王伯惠、上官兴等则将 $D \geqslant 2.5$ m 的桩定义为大直径桩。

桩基础在我国公路桥梁中的应用以大直径桩为主,具有预制桩与灌注桩并存,挤土桩与非挤土桩并存,非挤土桩中的钻孔、冲孔与人工挖孔桩并存,以及先进的、现代的工艺设备与传统的、陈旧的工艺并存的特点。大直径桩在桩径上,由传统意义上的大于 0.8 m 的大直径桩向 2.5 m 以上的大直径桩发展;在截面上,由实心桩向空心桩发展;在构成上,由有承台向无承台发展;在材料上,由水下混凝土向填石压浆混凝土发展;在桩数上,由多排桩向单排桩或单根桩发展。

在此趋势下,超大直径空心独立复合桩基础作为一种集预制桩、钻孔桩以及复合地基三者的优点于一身的全新桩型被工程界提出。该桩型主要用于桥梁基础,适用于淤泥与淤泥质土、粉土、饱和黄土、素填土、黏性土及饱和松散砂土等地质条件。其主要特点有:① 桩柱一体,无须设置承台,桩-桩、桩-土间的相互影响较小,无群桩效应,桩身荷载传递过程较群桩基础简单;② 桩基础为空心桩且桩径较大(2.5 m 以上),桩体断面合理,与相同桩径的实心桩相比,可以节省大量混凝土,一方面充分发挥混凝土的作用,另一方面减少自重,提高了桩基承载力；③ 对施工现场条件要求低，无须使用沉井、套箱等临时维护结构，桩身可预制空心桩节分段竖拼，也可分块预制拼装成节，使桩基施工部分工厂化作业，又可现场浇筑逐节接高，施工手段灵活多样，既能确保桩身混凝土质量，又能钻孔、预制并行作业，加快工程进度；④ 桩周土注浆、桩周土注浆外侧的水泥搅拌桩均能改善桩周土的工程特性，提高桩基础的承载能力；⑤ 可以克服水下混凝土灌注易出现的清孔不彻底、缩颈、夹泥、断桩等问题。

综上所述，超大直径空心独立复合桩基础给桥梁桩基领域带来了新的活力，蕴藏着巨大的经济与社会效益。但是该类型桩在竖向和横向荷载作用下的承载特性、荷载传递机理及其设计计算方法与现行规范的差异还未见相关报道，限制了该全新桩型的推广应用。因此，揭示空心桩-注浆体-水泥搅拌桩-岩土相互作用机理，量化反映空心桩尺寸、桩周土体注浆参数、水泥搅拌桩参数在超大直径空心独立复合桩基础承载与变形中的表现，探明该桩型在竖向、横向荷载下的荷载传递机理及破坏模式，提出科学的超大直径空心独立复合桩基础设计方法及合理设计参数，对指导公路桥梁桩基工程的建设十分必要，具有重要的理论价值与工程实际意义。

1.2　大直径空心桩的产生及类型

1.2.1　大直径空心桩的产生

日本是最早研发大直径空心桩技术的国家。大直径空心桩技术在我国最早于 20 世纪 70 年代中期开始研究，原交通部第一航务工程局在 1975 年完成了几次空心桩的试验工作。虽然在此试验后由于技术原因而未再继续进行类似试验，但为此后大直径空心桩的研究工作提供了宝贵经验。1985 年，广东九江大桥率先提出无承台、变截面、大直径桩设想；"无承台、大直径、钻埋 PC 空心桩墩施工技术"就是在这种条件下应运而生的，它是交通部"七五"通达计划的重要科研项目，1986 年由交通运输部公路科学研究所和河南省公路局承担，自 1992 年5 月通过技术鉴定后在我国得以应用。

此后，由湖南省交通厅承担交通部"八五"行业联合攻关计划中的课题"洞庭湖区桥梁修建新技术的开发研究"，进一步将空心桩技术和湖南省大跨径、无承台、变截面、大直径桩技术相结合。学者上官兴、张书廷、冯忠居等为大直径空心桩的推广做了大量工作。1993 年 7 月起，大直径空心桩技术相继应用于洞庭湖区湘北干线上的哑巴渡大桥、南华渡大桥、常德石龟山大桥(图 1-1)、大庸观音大桥和桃源沅水大桥等九座大桥，共修建 306 根大直径空心桩。例如，南华渡大桥为连续梁斜拉桥，最大跨径为 50 m，桩径为 $\phi3.0(2.5)$ m 和 $\phi2.0(1.5)$ m；常

德石龟山大桥为连续钢构桥,最大跨径为 80 m,桩径为 ϕ5.0(4.5) m 和 ϕ3.5
(3.0) m;桃源沅水大桥为中承式系杆拱桥,最大跨径为 108 m,桩径为 ϕ5.0
(4.0) m 和 ϕ7.5(6.0) m。这批空心桩在投入使用十多年后于 2011 年进行检
测,发现沉降量小于 1 cm,承载性能优于同等钻孔桩。中国埋钻大直径空心桩
的实践获得成功,取得桥梁下部构造体积节省 30%~40% 的非凡成效,成为中
华人民共和国成立以来我国桩基工程的一项重大技术革新。

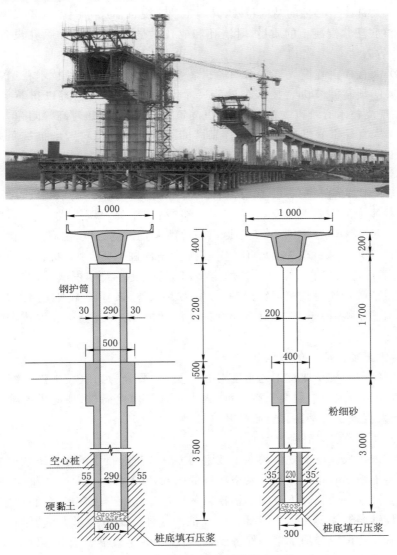

图 1-1　常德石龟山大桥钻埋空心桩

20 世纪末期,大直径空心桩逐渐在湖南其他地区和我国其他省份开始应用。然而由于成桩工艺复杂、成孔设备滞后及计算理论欠成熟等原因,自 1998 年后大直径空心桩未能在全国范围推广。2010 年,华东交通大学提出用"轻质高强的波纹钢内模"代替传统笨重的活动钢内模和大型混凝土预制桩壳的方法,减少空心桩的安装重量数十倍,初步解决了波纹钢内模一系列技术细节问题。然而大直径空心桩的发展依然受到制约,主要原因如下:

(1)大直径空心桩的结构特殊,其施工技术受桩体尺寸的影响较大,为保证桩侧和桩底压浆混凝土的质量,对清孔和成孔质量要求高,所需钻孔设备庞大,钻孔成本高。

(2)大直径空心桩成桩技术中的拼装下放、成孔现浇两种技术普遍存在两点缺陷:① 预制桩节拼装技术有桩节尺寸太大而难以运输、难以拼装等问题;② 成孔现浇技术有难以支模、桩底难以浇筑、混凝土水化热过高等问题。

(3)大直径空心桩的计算理论滞后,桩基承载能力主要考虑桩端阻力和桩侧阻力,桩体尺寸的增加对土体承载能力要求提高,现行规范中系统的大直径空心桩设计计算方法尚不完善,从而使大直径桩基础的应用受到很大限制。

基于中国大直径空心桩 40 多年来的工程实践经验,考虑到桩体尺寸过大对土体承载能力的高要求以及减小钻孔开挖卸荷产生的水压力或土压力,安徽建工集团与长安大学合作于 2017 年提出一种由大直径空心桩、桩周注浆体和外围水泥搅拌桩共同承载的"超大直径空心独立复合桩基础"。其桩径远大于 2.5 m,超过了现行规范中对大直径桩的定义,且无须设置大体积承台,桩柱一体的形式使得荷载传递更直接,具有较高承载力。此外,该基础无须使用沉井、套箱等临时围护结构,便于施工,具有较好的经济性能,为大直径空心桩技术的大力推广奠定了基础。

1.2.2 大直径空心桩的类型

大直径空心桩从成桩工艺角度对其分类,主要分为大直径现浇混凝土空心桩、大直径钻埋预应力混凝土空心桩、大直径现浇薄壁筒桩、预应力混凝土大直径管桩、大直径波纹钢挖孔空心桩几种桩型。

(1)大直径现浇混凝土空心桩

该桩采用成孔→支立内膜→下放钢筋笼→浇筑混凝土的施工工艺成桩。日本是世界上最早开始研究和开发空心桩的国家,其制作大直径空心桩的方法为:钻大直径圆孔→清孔→下放圆形钢模板→模板和孔壁形成环形断面→在环形断面内下放钢筋笼→灌注水下混凝土→成桩。这种方法节约了大量混凝土,经济效益显著。我国原交通部第一航务工程局在 1975 年最早做了空心桩试验,采用的成桩方法为:钻孔、换浆→沉放胶囊→胶囊内注浆充水至膨胀到所需直径,作为空心桩内模→下放钢筋笼→浇注混凝土→抽出胶囊内的泥浆→以"翻肠"的方式取出胶囊拆模。

（2）大直径钻埋预应力混凝土空心桩

该桩是指成孔后将预制好的空心桩桩节吊入桩孔，在预定位置采用预应力钢筋连接分段竖拼，桩壳拼接下放完成后再进行桩侧、桩端压浆处理的桩型。张书廷、上官兴等在 20 世纪 90 年代最早对大直径钻埋预应力混凝土空心桩的施工工艺做了初步的探索性研究。之后，冯忠居、李晋等对大直径钻埋预应力混凝土空心桩的设计、施工以及工程特性做了系统性研究，对该桩型的推广应用做了铺垫。

（3）大直径现浇薄壁筒桩

该桩适用于软土地区。其成桩工艺是先预制环形桩靴，其桩靴上部凸出、下部呈环锥状；施工时把环形桩靴套入内外套管之间，内外套管的下端面与桩靴上部环形凸面的内外侧相接触；套管上部与压盖相连，内套管上部锥管穿过压盖，插入施力压头，与出泥孔导通，将桩靴尖头压入土层；接着振动下沉，在成环形孔的同时亦同步自动排出软土；放入钢筋笼，灌注混凝土；最后拔出内外套管即成筒状桩基。谢庆道、刘汉龙、蔡江东等对这类桩基的成桩工艺做了深入研究，并研发了相应的成桩器械和方法。

（4）预应力混凝土大直径管桩

该桩采用离心、振动、辊压相结合的复合法工艺生产，分段成型混凝土管节，管节间涂刷黏结剂，张拉预应力钢绞线，预留孔道内压力灌注水泥浆体，使钢绞线自锚拼接成管桩，制作工艺成熟。该桩型抗冻性和耐腐蚀性能良好，施工速度快，但必须采用包覆或阴极保护等防腐措施，建设和维护成本较高，多用于港口码头工程。目前，针对该桩型的研究主要集中于结构损伤、耐久性、振动沉桩技术等问题。

（5）大直径波纹钢挖孔空心桩

该桩适用于砂卵石地层。其成桩工艺为先在开挖基坑内放置支撑力大的单层波纹钢作护筒；波纹钢板逐块拼装成圆环，分层放置，纵向的环层用高强螺栓连成整体，波纹钢护筒再用专用密封胶涂缝止水，在波纹钢围堰周边安置压浆钢管，回填卵石后，注入水泥浆，形成填石压浆混凝土波纹钢围堰，确保挖孔壁的稳定与安全；在围堰内抽水，用小型挖掘机开挖至设计标高，再安放直径较前缩小一级的第二层波纹钢围堰，用同样施工方法完成若干层上大下小的变直径波纹钢围堰挖孔空桩；桩底用水下混凝土封底，抽水安装内模，绑扎钢筋，自下而上完成钢筋混凝土空心桩浇筑。

1.3　大直径空心桩的研究现状评述

大直径空心桩因解决了钻、挖孔灌注桩存在的诸多技术缺陷,并集钻、挖孔灌注桩的优点于一体,受到工程技术人员的普遍关注,但在 20 世纪八九十年代大直径空心桩基础技术在河南省、湖南省等局部地区应用后,未在全国范围内得到推广应用。究其原因,一方面工程技术人员对该桩型不熟悉,在应用中缺少技术支持;另一方面,该桩型的一些问题还未完全探明,仍有待于进一步研究。因此,对于大直径空心桩基础,必须考虑现有理论、设计、施工技术水平,在此基础上开展超大直径空心独立复合桩基础的研究。

针对大直径空心桩基础承载机理及特性的研究主要研究手段有:理论分析、模型试验、数值仿真、现场试验。其中,理论分析方法按照桩基受力方向不同又分为竖向受力和横向受力两大类。竖向荷载下承载特性的理论研究方法有:数学拟合法、荷载传递法、弹性理论法、剪切位移法和数值分析法;而横向荷载下承载特性的理论研究方法有:Poulos 弹性理论法、地基反力系数法、p-y 曲线法和数值分析法。针对大直径空心桩基础承载机理及特性的主要研究内容有:① 确定不同桩侧土层及桩端土层的荷载传递参数;② 揭示不同类型大直径空心桩的荷载传递机理;③ 量化研究桩体参数、注浆参数、围堰结构参数及土体参数对大直径空心桩竖向、横向承载力和位移以及桩身应力应变的影响;④ 分析桩端注浆和桩侧注浆对大直径空心桩的桩侧阻力和桩端阻力的影响规律;⑤ 推导桩顶荷载与沉降关系方程。相比传统的桩-土荷载体系,由于超大直径空心独立复合桩基础荷载传递体系涉及空心桩、桩周注浆体、水泥搅拌桩与地基土四者之间的相互作用,因此相应的分析方法也更为复杂。

桥梁桩基设计必须满足两个方面的要求:一是桩-土相互作用的稳定性要求;二是桩体本身的结构强度要求。因此,完整的桩基设计内容与合理的设计方法十分重要。针对大直径空心桩的设计计算方法的研究主要集中在大直径空心桩承载力设计计算方法、偏心荷载下桩身截面强度的计算方法、加固设计方法等方面。由于超大直径空心独立复合桩基础的构造复杂,缺少工程实践经验,相关计算参数无法取得,因此现行规范中的设计方法不能直接应用于超大直径空心独立复合桩基础。

结合近年来相关成果来看,关于大直径空心桩基础施工技术的研究要超前于承载机理和特性及设计方法的研究。已有的研究成果表明,大直径空心桩承载能力强,能大量节省混凝土用量,经济效益明显。目前,大直径空心桩基础有成孔支模现浇、预制桩节成孔下放两种主要的成桩工艺,同时还有适于软土地区的利用特殊钻机钻出环形孔再浇筑桩身的成桩技术,这几种大直径空心桩成桩后在桩周、桩底会进行填石压浆或是注浆处理。

　　超大直径空心独立复合桩基础经过高压喷射注浆和水泥搅拌桩加固,将空心桩技术与复合地基技术结合起来,是一种不同于传统的新型空心桩技术。然而,超大直径空心独立复合桩基础在受力状态下荷载如何传递,其承载特性及其破坏模式如何,国内外尚无相关报道。同时,现有关于空心桩承载力等相关计算只能套用钻孔灌注实心桩的计算方法与计算公式,在不同的荷载作用和不同的地质情况下,空心桩的合理桩径、桩长等尺寸参数尚无计算资料,更无相关规范可循。因此,探明超大直径空心独立复合桩基础的荷载传递机理,研究其承载特性及其破坏模式,建立其设计方法以及提出关键设计参数,对我国超大直径空心独立复合桩基础事业的发展具有重大意义。

第2章 超大直径空心独立复合桩基础的构造与施工工艺

现有关于大直径空心桩技术的研究主要集中在空心桩的成孔、成桩方面,而超大直径空心独立复合桩基础经过高压喷射注浆和水泥搅拌桩加固,将空心桩技术与复合地基技术结合起来,是一种不同于传统的空心桩技术,其截面尺寸、构造形式及施工工艺与传统的大直径空心桩相比存在显著差异。因此,本章结合超大直径空心独立复合桩基础的构造特点,提出了超大直径空心独立复合桩基础的施工工艺,为探明超大直径空心独立复合桩基础承载特性以及研究其设计计算方法奠定基础。

2.1 超大直径空心独立复合桩基础的构造

超大直径空心独立复合桩基础主要由超大直径空心桩、水泥搅拌桩、桩端钢筋混凝土厚板、桩周注浆体组成。水泥搅拌桩绕桩基外围形成封闭的水泥搅拌桩墙,空心桩通过桩位现场浇筑或预制分段拼接成型,后沉至设计位置用混凝土封底,成桩后在空心桩与水泥搅拌桩之间高压旋喷水泥浆加固桩底与桩侧土体形成复合桩基,是一种将预制桩、钻孔桩以及复合地基三者的优点结合在一起的全新桩型,其构造如图2-1所示。

2.2 超大直径空心独立复合桩基础的施工工艺

超大直径空心独立复合桩基础的施工工艺主要包括水泥搅拌桩施工、超大直径空心桩施工(现浇或预制)、桩侧注浆施工三部分。

2.2.1 水泥搅拌桩施工工艺

在既定桩位处,沿桩基外围施工水泥搅拌桩,形成封闭的水泥搅拌桩围护墙。双轴单向水泥搅拌桩施工工艺流程为:场地整平→桩机就位→预拌下沉→提升→清理钻头→喷浆下沉→提升搅拌→清理钻头→重复喷浆下沉→重复提升搅拌→清理钻头→移动桩机,进行下一根桩的施工,如图2-2所示。

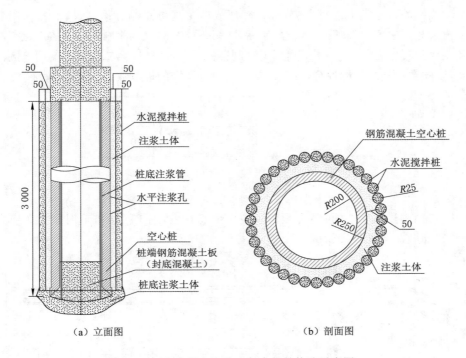

（a）立面图　　　　　　　（b）剖面图

图 2-1　超大直径空心独立复合桩的构造示意图

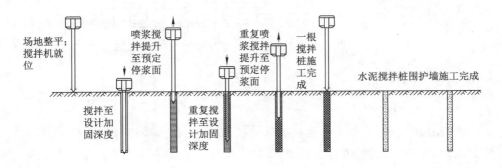

图 2-2　水泥搅拌桩施工流程

2.2.2　超大直径空心桩施工工艺

根据实际工程建设条件,超大直径空心桩的施工方式有预制桩节接高型、预制桩片拼装型、立模现浇成桩型以及中掘下沉成桩型四种。

2.2.2.1　预制桩节接高型

（1）桩节预制

当空心桩桩径不大时,桩节可在工厂或施工现场预制。预制过程中,采用双层模板对接法预制,即第一桩节预制后,在第一桩节的上端涂刷一层不掺固化剂的环氧树脂胶作为隔离层,于隔离层上预制第二桩节,同样在第二桩节上端面涂隔离层,以此类推预制其他桩节,直至预制完一根桩所需的桩节数,如图 2-3 所示。

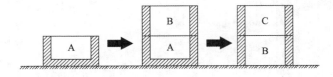

图 2-3　空心桩预制顺序

在预制过程中,在桩节上预留预应力钢筋孔道,用于拼接桩节时张拉预应力钢筋,如图 2-4 所示。

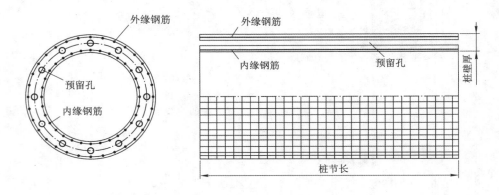

图 2-4　空心桩节构造

(2) 桩节拼接下放

在设计桩位处,使用大型钻孔器械成孔,钻机钻孔达到设计标高后,用钻机进行清渣,埋设注浆管,进行孔底抛石,抛石厚度以 0.25～0.3 倍桩径或 1～2 m 为宜;随后安装导向架、支承托架等设备和运输平台,由于空心桩壳尺寸大、外表不能打孔和设置吊环,因此在运输时采用特制的钢板夹具,将钢板夹具与桩节紧扣在一起,钢板和桩壳间的空隙用木塞塞紧。

使用支承托架吊放空心桩底节,当空心桩底节吊放至接高第一节桩壳的高度时暂停下放,利用大型吊装器械将第一节桩壳吊运至底节上方,烘干处理干净接桩的端面,再用丙酮清洗,涂刷环氧树脂胶砂,然后在预留孔道内穿入锥形螺纹连接筋,并与底节上的 HZLM 连接器连成整体,再对上端面张拉连接筋,使预制桩壳通过环氧树脂水泥胶砂连成整体,将支承托架夹箍夹在第一节桩身上,松开吊装器械夹具;吊放至下一节桩壳拼接高度,重复拼装工序,完成空心桩身的拼接下放;使用桩底预留的注浆管对桩底碎石层进行注浆处理,如图 2-5 所示。

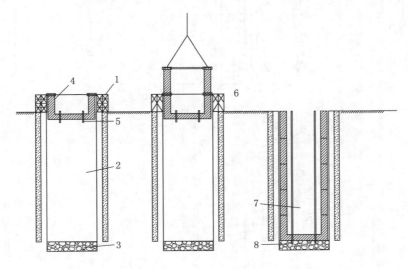

1—安装支承托架;2—成孔;3—孔底抛石;4—底节吊装;

5—预留注浆孔;6—桩节拼装;7—桩身下放完成;8—桩底注浆。

图 2-5　桩节拼接下放

2.2.2.2　预制桩片拼接型

（1）桩片预制

当桩径较大时,将空心桩沿轴向和环向分割成多个块件在工厂预制,块件类型有普通桩片和闭合桩片两种。普通桩片型号相同,是桩节的主要组成部分;闭合桩片较普通桩片窄,用于闭合桩节。多块普通桩片和一块闭合桩片拼装为一节完整的桩节,其构造如图 2-6、图 2-7 所示。

底节桩片带有凸榫,其余构造同普通桩片,如图 2-8 所示。

（2）桩片环向拼装

桩片拼接应在施工现场完成,将预制好的桩片输运至施工现场,在事先准备好的拼接场地上安装辅助定位架,按照先普通再闭合的顺序拼接桩片。相邻桩片拼接时,将拼接端面烘干处理干净后,再用丙酮清洗,涂刷环氧树脂胶砂,然后使用高强度螺栓通过预留的环向拼接孔道连接相邻桩片,并在相邻桩片之间和高强度螺栓周围的空隙内压注水泥砂浆形成整体。闭合桩片是桩节拼装的最后一个块件,拼接时自上方向下插入指定位置,通过环向拼接孔道与相邻普通桩片

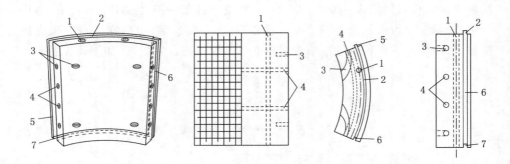

1—轴向预应力孔道;2—轴向定位凸榫;3—环向拼接孔道;
4—环向贯通预应力孔道;5—环向定位凸榫;6—环向定位槽;7—轴向定位槽。

图 2-6　普通桩片

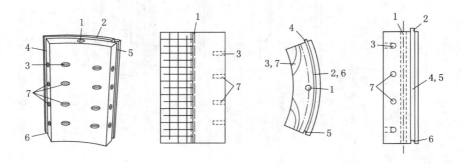

1—轴向预应力孔道;2—轴向定位凸榫;3—环向拼接孔道;4—环向定位凸榫;
5—环向定位槽;6—轴向定位槽;7—闭合桩片环向预应力束端孔。

图 2-7　闭合桩片

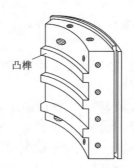

图 2-8　底节桩片

连接后,向闭合桩片环向预应力束端孔中穿插预应力钢束,依次通过普通桩片环向预应力贯通孔道,从闭合桩片另一端的环向预应力束端孔穿出,给贯通孔周围压注水泥浆并对预应力钢束张拉预应力,完成环向桩片的拼装,如图 2-9 所示。

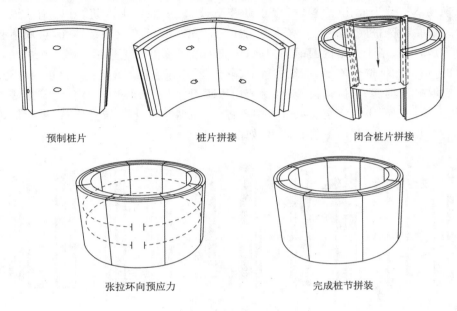

预制桩片　　　　　　　　桩片拼接　　　　　　　闭合桩片拼接

张拉环向预应力　　　　　　　　　完成桩节拼装

图 2-9　桩片环向拼接

（3）桩节拼接下放

在设计桩位处,使用大型钻机成孔清渣后,进行孔底抛石并整平,抛石厚度以 0.25~0.3 倍桩径或 1~2 m 为宜,并预埋注浆管;随后安装导向架和支承托架等地面设备,使用大型吊装器械将拼装完成的空心桩底节吊运至支承托架上,使用夹箍夹紧底节,松开吊桩器械的夹具,利用支承托架下放空心桩底节,吊放至接高高度时暂停下放,吊运拼装完成的第一节桩身至底节上方,烘干处理干净接桩的端面,再用丙酮清洗,涂刷环氧树脂胶砂,然后在预留孔道内穿入锥形螺纹连接筋并张拉,使桩节连成整体,注意连接桩节时,轴向不得出现通缝,需错开接桩（图 2-10）;将支承托架夹箍夹在第一节桩身上,松开吊装器械夹具,吊放至下一节桩节拼接高度,重复拼装工序,完成空心桩身的拼接下放;将封底钢筋笼吊入空心桩的底部,用水下灌注法浇筑桩端钢筋混凝土厚板,封

图 2-10　桩片竖向拼接

闭空心桩底部,使用预埋的注浆管对桩底的碎石层进行注浆处理,如图 2-5 所示。

2.2.2.3 立模现浇型

超大直径空心独立复合桩基础可采用现场浇筑的方法成桩。超大直径空心桩现场浇筑分为成孔、立模、桩壁钢筋笼下放、桩壁混凝土浇筑、桩底钢筋笼下放、振动拔管、桩底混凝土浇筑几道工序。首先在既定桩位处钻桩孔,桩底清孔整平后,下放用于充当内膜的钢护筒,钢筒内膜的高度低于桩顶标高一个桩底厚度的量;下放桩壁钢筋笼,浇筑桩壁混凝土;桩壁混凝土浇筑至一定高度时,下放桩底混凝土钢筋笼,振动拔管,将钢筒内膜提升至桩顶标高并固定,浇筑桩底混凝土,桩壁混凝土的浇筑在该过程中不停止;桩身混凝土浇筑完成后,视钢筒内膜为空心桩的一部分,不将其拔出,如图 2-11 所示。

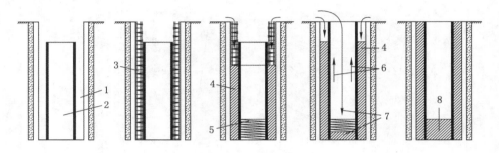

1—成孔;2—放置内模;3—下放桩壁钢筋笼;4—浇筑桩壁混凝土;
5—下放桩底钢筋笼;6—振动拔管;7—浇筑桩底混凝土;8—成桩。

图 2-11 空心桩现浇施工

2.2.2.4 中掘下沉型

当桩径相对较小且埋深较大时,超大直径空心独立复合桩基础的空心桩还可采用中掘法施工。将预制好的桩节通过大型运输设备吊运至设计桩位处,在空心桩中空部插入特制的专用钻机,一边钻孔取土,一边利用液压千斤顶或锤击使空心桩压入土中,钻头在钻进的同时压注膨润土泥浆;桩节拼装时需暂定钻进并拔出钻机,桩节拼装完成后再次下钻,如此重复至空心桩到达设计埋深;随后将水泥浆通过钻杆压入桩底,形成桩端扩大头,提钻后下放空心桩底板钢筋笼,浇筑空心桩桩底。施工工艺如图 2-12 所示。

2.2.3 桩侧土注浆施工工艺

空心桩施工完毕后,采用高压旋喷法向空心桩和水泥搅拌桩之间压注水泥浆。从空心桩下段至上段依次通过桩壁上的注浆孔对空心桩的桩壁外侧注浆,注浆量以充满空心桩与水泥搅拌桩墙之间的土体为准,形成注浆体,最终完成超大直径空心独立复合桩基础施工,如图 2-13、图 2-14 所示。

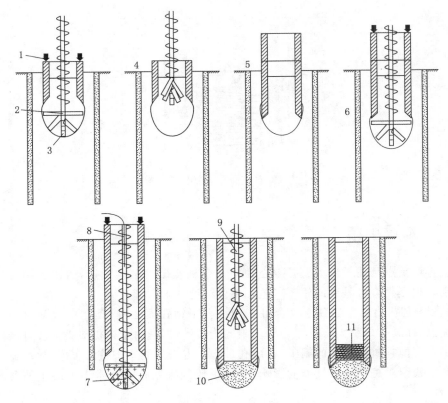

1—液压千斤顶推进；2—钻孔埋桩；3—压注膨润土泥浆；4—暂停钻进，提钻；5—接高桩节；6—下钻，钻进埋桩；
7—钻至设计标高；8—压注水泥浆；9—停止钻进，提钻；10—扩大头形成；11—下放桩底钢筋笼，浇筑桩底混凝土。

图 2-12　空心桩中掘法施工

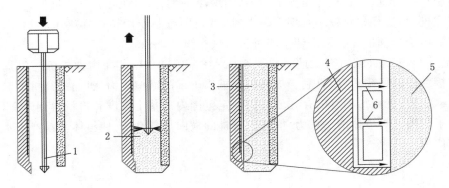

1—钻至设计深度；2—高压旋喷注浆；3—注浆完成；4—空心桩；5—高压旋喷注浆体；6—桩侧外壁注浆。

图 2-13　桩侧注浆施工

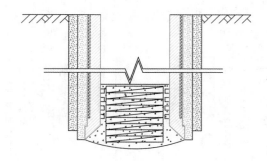

图 2-14　超大直径空心独立复合桩基施工完毕

2.3　本章小结

本章重点阐述了超大直径空心独立复合桩基础的结构构造,给出了超大直径空心独立复合桩基础的施工工艺。主要结论如下:

(1)超大直径空心独立复合桩基础结合了钻孔灌注桩、预制桩及复合地基的优点,除具有传统大直径空心桩基础的全部优势外,由于该桩成孔前在外围完成了水泥搅拌桩围护墙的施工,在成孔过程中省去了泥浆护壁的工序,故而避免了泥浆残留对桩基承载性能的影响,克服了传统桩钻孔灌注水下混凝土的各种弊病。

(2)空心桩可根据桩径、埋深选择不同的施工工艺,灵活方便。当桩径不大时,将空心桩分节预制,吊装拼接;当桩径较大时,将空心桩沿径向分为多个桩片预制,使用预应力将桩片拼接成桩节;当埋深不大时,可成孔并支立钢筒内模,现浇成桩;当桩径相对较小且埋深较大时,可利用特制专用钻杆在桩中心钻孔,采用液压千斤顶推进或锤击使空心桩桩身到达设计埋深。

(3)桩侧注浆可有效地将水泥浆压入桩侧泥皮中,大大增加桩侧与桩周土体接触面的粗糙程度,有利于提高桩与桩周土层的摩擦阻力,进而提高桩的竖向承载能力;桩周加固区的存在使桩周一定范围内地基土强度和模量得到改良,增加了桩周土对桩体的约束力,能够改善桩的横向承载性能,使桩体不易产生水平变位。

第 3 章　超大直径空心独立复合桩基础承载特性的离心模型试验

目前,国内外学者已对传统大直径空心桩在荷载作用下的承载机理及工作性状进行了大量的研究,取得了一定的研究成果,形成了较为完整的桩基承载理论体系。与传统的大直径空心桩相比,超大直径空心独立复合桩基础的承载特性存在着诸多不同之处。本章结合超大直径空心独立复合桩基础的构造特点,着重研究不同空心桩参数、注浆体参数、水泥搅拌桩设计参数下超大直径空心独立复合桩基础竖向和横向承载特性的变化规律,为探明超大直径空心独立复合桩基础荷载传递机理、提出超大直径空心独立复合桩基础的设计方法及设计参数奠定理论基础和试验支撑。

3.1　超大直径空心独立复合桩基础离心模型试验设计

3.1.1　离心模型试验研究目的

(1) 分析不同空心桩参数(长径比)、注浆体参数(注浆体深度、注浆体厚度、注浆体弹性模量)、水泥搅拌桩参数(水泥搅拌桩桩长、水泥搅拌桩弹性模量)对超大直径空心独立复合桩基础竖向承载力及横向承载力的影响程度。

(2) 实现空心桩参数、注浆体参数及水泥搅拌桩参数影响下超大直径空心独立复合桩基础竖向承载特性变化(荷载-沉降特性、桩身轴力、桩侧阻力、桩端阻力)以及横向承载特性变化(荷载-位移特性、桩身弯矩、桩侧土抗力)的定量描述。

(3) 量化反映不同桩体类型(空心桩、空心桩＋注浆体、复合桩)的竖向承载特性及横向承载特性的差异。

3.1.2　离心模型试验技术及试验系统

离心模型试验是对新领域研究的有效方法之一,可以克服常规模型试验手段较为烦琐、试验周期长、操作难度大等不足,简化试验过程,为研究提供简单有效的方法。Charles(查尔斯)等论证了土工离心模拟技术在研究和解决复杂岩土工程问题时的优势,并证明了采用离心技术研究桩基承载变形性能的合理性。

通过离心模型试验可对超大直径空心独立复合桩基础的受力过程进行全面的模拟和监控,并根据试验结果对不同工况下超大直径空心独立复合桩基础的受力特性进行研究。

3.1.2.1　离心模型试验的技术优势

常规的模型试验是在 $1g$(g 为重力加速度)重力场下开展的,由于尺寸限制、相似条件难以满足、试验周期长等问题,不能完全达到研究目标。在超大直径空心独立复合桩基础承载特性研究中,离心模型试验的技术优势体现在:

(1) 模型按原型尺寸大比例缩尺,减小工作量

在常规模型试验中,当原型尺寸较大时,模型尺寸也相对较大,以满足还原实际工况的要求。而在离心模型试验中,若将加速度增大至 ng、模型尺寸缩小至 n 倍,模型仍可很好地还原实际。模型缩小后,工况模拟的工作量也可大幅减少。

(2) 相似条件容易满足

通过离心加速,模型可以达到原型的受力水平。模型与原型相比缩小了 n 倍,当离心机增加 ng 的离心惯性力时,可以弥补损失的重力或降低的应力,使模型的自重或应力水平与原型相似。

与一般材料不同,岩土材料具有应力相关性、摩擦性、非线性、多相性、各向异性、历史相关性等特征。岩土材料的特性决定了其复杂性,常规的模型试验难以将岩土材料的特性逐一还原到原型中,导致模型试验的不可靠性。通过相似性理论分析,在离心模型试验中选择相同或相似的岩土材料,以保证模型与原型中岩土材料特性的一致性。

(3) 大大缩短试验周期

在离心模型试验中,土体的固结过程与离心加速度有关。离心机运行时,实时时间与模拟时间的换算和离心机加速度的平方成正比。如果离心机以 $10g$ 加速度运行 1 min,工况模拟时间相当于 100 min,大大加快了土体的固结过程,缩短了试验周期。

离心模型试验可以很容易地达到常规模型试验难以达到的研究目的,可以说,离心模型试验是岩土模型试验中还原性最好的模型试验方法之一。

3.1.2.2　离心模型试验系统

(1) TLJ-3 型土工离心机主要性能指标

本试验采用长安大学 TLJ-3 型土工离心机(图 3-1),离心机性能指标如下:

① 最大容量:$60g \cdot t$(重力加速度・吨)。

② 最大荷载(模型箱+模型):加速度 $100g$ 时,载重 600 kg;加速度 $200g$ 时,载重 300 kg。

图 3-1　长安大学 TLJ-3 型土工离心机

③ 有效半径：离心机旋转中心至工作吊篮底板处为 2.0 m。

④ 模型箱有效容积：大模型箱为 700 mm×360 mm×500 mm；小模型箱为 500 mm×360 mm×400 mm。

⑤ 加速度范围：(10～200)g，稳定度±0.1%F.S.。

⑥ 启动时间：由 0g 上升至 200g，≤15 min。

⑦ 操作方法：手动和计算机。

⑧ 系统具有完善的保护功能和状态监测功能。

⑨ 数据采集系统：测点总数为 40 点，能测适应于电阻式全桥、半桥、1/4 桥传感器接法；适合电压量输出的传感器接入信号采集，信号幅度不大于 5 V。

⑩ 工作时间：连续工作时间为 12 h。

（2）离心机电气系统

离心机电气系统由拖动控制、数据采集、摄影摄像三个主要部分组成。

① 拖动控制

拖动控制是以直流调速器为核心组成直流闭环调速系统，控制离心机的启动、升速、稳速、减速、停机等运行过程。离心机启动时，可通过离心机主操作柜、综合控制柜对离心机的转速、转臂平衡状态、轴承温度、电机电流等主要参数进行监视，及时判断与处理运行过程中的异常状态。

② 数据采集

采集系统是由 4 块 IMP 静态数据采集模块和 1 台工业控制计算机构成，其包含 40 通道，可完成应变、电压、温度信号的采集并通过计算机对采集数据进行存储和初步处理。数据采集系统如图 3-2 所示。

③ 摄影摄像

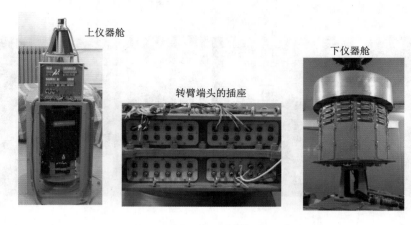

图 3-2　数据采集系统

摄影摄像系统由数码相机、CCD 摄像机、闪光控制仪、计算机等设备组成，可完成对模型的定点拍照、摄像和存储。摄影摄像系统如图 3-3 所示。

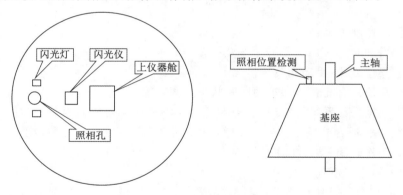

图 3-3　摄影摄像系统

3.1.3　离心模型试验相似参数

3.1.3.1　离心模型试验相似律

超大直径空心独立复合桩基础的离心模型试验相似律是在土工模型相似准则和一般岩土工程离心模型相似律的基础上建立起来的。模型桩置于土体中要产生应力、应变和位移，这些数据取决于四方面的物理量：① 模型桩的计算尺寸及埋置深度等几何因素；② 模型桩周围土体的性质；③ 模型桩材料的性质；④ 土体的初始应力状态。

超大直径空心独立复合桩原型-离心模型物理量对应关系见表 3-1。

表 3-1　超大直径空心独立复合桩原型-离心模型物理量对应关系

物理量	符号	量纲	原型(1g)	离心模型(ng)
长度	l	L	1	$1/n$
位移	u	L	1	$1/n$
应变	ε	—	1	1
应力	σ	—	1	1
面积	A	L^2	1	$1/n^2$
体积	V	L^3	1	$1/n^3$
质量	m	M	1	$1/n^3$
密度	ρ	ML^{-3}	1	1
容重	γ	$ML^{-3}T^{-2}$	1	n
力	F	MLT^{-2}	1	$1/n^2$
惯性矩	I	L^4	1	$1/n^4$
加速度	a	LT^{-2}	1	n

3.1.3.2　试验模型布置原则

对模型箱和模型桩的选取与布置,应满足以下三个条件:

(1) 最小桩距。在上部荷载作用下,桩对桩周一定范围内的土体产生影响。美国石油学会认为影响范围为 8 倍桩径,Cooke(库克)在伦敦黏土中实测约为 12 倍桩径。

(2) 粒径效应。对于粗粒土,Ovesen(奥维森)曾证明基础直径大于 30 倍砂土平均粒径时,模型土料的粒径不相似性不会对基础承载力特性有影响。Craig(克雷格)研究认为,当桩基等结构物的尺寸与模型土的最大粒径之比大于或等于 40 时,模型土料的粒径不相似性不会对基础承载力特性有影响。徐光明提出,结构物尺寸与最大粒径之比大于 23 就足够了。对细粒土,大量研究和试验表明,不存在粒径效应。Gamier(戛涅)指出,当 $D/d_{50}>100$ 时,最大剪应力的发挥没有明显的尺寸效应。

(3) 边界条件。边界效应来自模型箱边壁对模型的约束作用。Ovesen 认为,模型与箱壁的距离 B 与模型尺寸 b 之比应大于 2.82,即 $B/b>2.82$,这样方可以消除边界效应。徐光明认为,模型与箱壁的距离 B 与模型尺寸 b 之比应大于 3.0,方可以消除边界效应。秦月等认为,箱壁和箱底附近砂土压力很小,可以忽略边界效应。

本次试验采用 700 mm×360 mm×500 mm 大模型箱,遵循以上三个条件,综合试验目的及各因素,选模型比尺 $n=140$。

3.1.4 模型桩与模型土设计

3.1.4.1 模型桩制作

桩基模型建立的关键,一是桩基自身的变形特性要求与原型一致;二是桩基与桩侧土体的摩阻特性要与原型一致。原型空心桩外径为 5 m、内径为 4 m,采用 C30 混凝土,弹性模量为 30 GPa。

根据离心模型相似律,模型空心桩应选用 $\phi36(28)$ mm 的混凝土桩,然而,由于原型为钢筋混凝土空心桩,制作与原型强度相同的钢筋混凝土模型空心桩需要较长时间,在实际制作中很困难。因此,根据相似原理,尽可能选择与原型桩力学性能相近的模型材料,在竖向和横向荷载作用下,模型材料分别由原型的抗压刚度 EA(弹性模量和截面面积)和抗弯刚度 EI(弹性模量和截面惯性矩)控制,如式(3-1)~式(3-4)所示。

$$n^2 E_m A_m = E_p A_p = n^2 E_m \pi (D_m^2 - d_m^2)/4 = E_p \pi (D_p^2 - d_p^2)/4 \qquad (3\text{-}1)$$

$$n^4 E_m I_m = E_p I_p = n^4 E_m \pi (D_m^4 - d_m^4)/64 = E_p \pi (D_p^4 - d_p^4)/64 \qquad (3\text{-}2)$$

简化后的控制方程为:

$$n^2 E_m (D_m^2 - d_m^2) = E_p (D_p^2 - d_p^2) \qquad (3\text{-}3)$$

$$n^4 E_m (D_m^4 - d_m^4) = E_p (D_p^4 - d_p^4) \qquad (3\text{-}4)$$

式中,n 为离心模型试验重力水平,即模型比尺;E_m、E_p 分别为模型桩和原型桩弹性模量;A_m、A_p 分别为模型桩和原型桩截面面积;I_m、I_p 分别为模型桩和原型桩截面惯性矩;D_m、D_p 分别为模型桩和原型桩外径;d_m、d_p 分别为模型桩和原型桩内径。

目前常用的模型桩材料有钢管、铝管、塑料、石膏等。在本研究中,采用封底的铝镁合金管模拟钢筋混凝土空心桩,外、内径分别为 32 mm、28 mm。经长安大学微机控制电子式万能试验机(图 3-4)测试,铝镁合金管的弹性模量为 60 GPa。

图 3-4 铝镁合金管的力学性能测试

变形相似律要求模型桩与原型桩抗压强度、抗弯刚度一致,即应该满足式(3-1)～式(3-4)。因此,分别计算模型桩与原型桩的抗压刚度和抗弯刚度,结果见表 3-2、表 3-3。从中可以看出,模型桩与原型桩的抗压刚度和抗弯刚度的误差较小,均小于 10%,即认为模型桩在竖向和横向荷载作用下能够较好地反映原型桩的受力变形特性。

表 3-2　模型桩与原型桩的抗压刚度比较

参数	A/m^2	E/GPa	EA/GN	n^2EA/GN	误差/%
原型桩	7.1	30.0	212.0	212.0	4.5%
模型桩	188.4×10^{-6}	60.0	10.0×10^{-3}	211.6	

表 3-3　模型桩与原型桩的抗弯刚度比较

参数	I/m^4	E/GPa	$EI/(\text{GN}\cdot\text{m}^2)$	$n^4EI/(\text{GN}\cdot\text{m}^2)$	误差/%
原型桩	18.1	30.0	543.1	543.1	9.7%
模型桩	212.9×10^{-6}	60.0	1.3×10^{-6}	490.7	

对于模型桩粗糙度的模拟,一般采用在桩表面黏结砂或者金刚砂纸,但这样会增加桩径,尤其是试验比尺较大时,影响更明显。Gamier 在砂土中的试验研究指出,当归一化粗糙度 $R_n=R_{max}/d_{50}$(R_{max} 为结构物表面凸起峰顶到峰谷的高度;d_{50} 为砂中颗粒含量超过 50% 的粒径)的值在[0.1,1]之间时,接触面为完全粗糙,最大剪应力将不依靠粗糙度。在模型桩表面涂环氧树脂,并黏上薄薄一层砂浆,从而保证模型桩的外形、刚度及其与土的摩阻力与原型相似的要求。部分模型桩照片如图 3-5 所示。

图 3-5　不同长度的模型桩

3.1.4.2 地基土的选取与制备

桩基的受力与变形特性取决于地基土层的物理力学特性,因此,模型地基土的性质能否反映实际的地基土层是离心模型试验能否成功的关键。理想的模型试验用土是从现场获得的原状土,但离心模型试验很少采用原状土。首先,原状土的自然结构和含水率在采集和运输过程中会发生变化,送到实验室的土样很难满足要求;其次,离心模型试验用的土需要人工配制,然后重新填入模型箱进行压实。原状土在受到扰动后,其自然结构将被完全破坏。因此,离心模型试验用土是人工制备的。

在离心模型试验中,模型土的制备要满足两个条件:首先,模型土应满足设计要求的物理力学指标;其次,要保证不同组别模型试验土的物理力学指标一致。

为保证模型土满足上述条件,土样制备步骤如下:

(1) 一次性取试验所需用土(黄土约 3 m³,5.7 t),尽可能确保不同组别试验中土的化学成分相同。

(2) 通过室内击实试验确定土样的最佳含水率。

(3) 先风干或烘干土样,然后对风干或烘干土样进行研磨。

(4) 将碾碎后的土样采用 2 mm 筛子进行筛分。

(5) 采用烘干法测定过筛后土的含水率。

(6) 为保证土工试验的代表性,土样均按最佳含水率制备。根据采集土样的含水率和最佳含水率计算土样中所需加水量。

(7) 用喷水装置将水均匀喷在土样上,喷洒后将土样充分拌匀并存放一天一夜。

(8) 测定土样的含水率,若测得的含水率与最佳含水率之差大于±1%,则应重新调配土样的含水率。

(9) 试验所需土样一次性制备完毕后,每 10 kg 土样装入一个塑料袋中密封。

(10) 需要取用土时,根据所需质量取土,调配到所需质量。

模型土选用黄土,通过固结试验[图 3-6(a)]、含水量试验[图 3-6(b)]和直剪试验[图 3-6(c)]测试了模型土的密度、压缩模量、含水率、黏聚力和内摩擦角等物理力学参数指标,测试结果见表 3-4。

| （a）固结试验 | （b）含水率试验 | （c）直剪试验 |

图 3-6 土工试验

表 3-4　地基土特性

土层名称	密度 $\rho/(g/cm^3)$	孔隙比	压缩模量 E_s/MPa	含水率 $\omega/\%$	黏聚力 c/kPa	内摩擦角 $\varphi/(°)$
黄土	1.85	0.687	11.8	13.5	27	25

3.1.4.3　注浆体的模拟

在离心模型试验中,为了真实反映原型桩的受力情况,模型试验通过改变注浆体的参数研究桩侧注浆体对超大直径空心独立复合桩承载力的影响。由于模型箱内空间有限,不便于操作,本试验采用在空心桩外壁不同桩顶下范围(120 mm、150 mm、180 mm)黏结 4 mm、8 mm、12 mm 厚的水泥、水、土的拌和物来模拟注浆体深度、厚度和弹性模量的变化。考虑到试验成本和可操作性,注浆体材料用水泥与土混合物进行模拟,用不同配合比来模拟注浆区弹性模量的改变,用直尺对注浆区厚度进行量测,分别在桩顶、桩中、桩底三个部位进行量测,以尽量确保注浆区厚度的准确性,减少试验误差。其中,弹性模量表征为注浆区强度指标,利用不同比例的水泥、土、水进行混合做出试样,在万能压缩机上进行试验,得到试验结果。对配比进行反复调整,调配过程如图 3-7 所示,最终得到注浆体弹性模量的配比,见表 3-5。

（a）配比试验　　　　　　　　　　　（b）压缩试验

图 3-7　注浆体制作过程

表 3-5　注浆体弹性模量质量配比

弹性模量/MPa	水泥	水	土
40	1	1.1	0.75
50	1	1.1	0.69
60	1	1.1	0.64
70	1	1.1	0.58
80	1	1.1	0.53

3.1.4.4 水泥搅拌桩的模拟

为便于后续试验操作及结果分析,将整圈水泥搅拌桩简化为一个壁厚与水泥搅拌桩桩径相等的圆筒。水泥搅拌桩的模拟与注浆体的模拟方法相似,模型试验通过改变注浆体外水泥搅拌桩参数,研究注浆体外围水泥搅拌桩对超大直径空心独立复合桩承载力的影响。本试验采用在注浆体外围不同桩顶下范围(90 mm、120 mm、150 mm、180 mm)黏结 4 mm 厚的不同配合比的拌和物来模拟水泥搅拌桩桩长和弹性模量的变化。

3.1.5 模型测试元件布设

为满足对超大直径空心独立复合桩受力及变形特性的研究,测试元件需采用应变片和微型土压力盒,位移监测采用位移传感器,布设位置如图 3-8 所示。

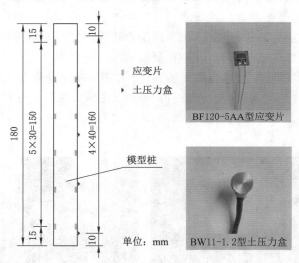

图 3-8 应变片和土压力盒布设

应变片采用半桥接法,每一个测试应变片均对应一个补偿片。补偿片统一贴于镁铝合金板上,镁铝合金板在试验过程中不可承受荷载、不可发生变形。土压力盒采用全桥接法。离心机信号采集端均为航空插座(X14K7APJ),测试元件需采用 7 芯航空插头与离心机建立连接。应变片和土压力盒的接法如图 3-9 所示。

选用 HG-C1030 型位移传感器(测量范围:±5 mm,精度:10 μm),其固定在模型箱反力钢架上测试模型桩的竖向和横向位移。采用 BF120-5AA 型应变片(尺寸:3 mm×2.6 mm,灵敏度系数:2.0%,电阻:120 Ω,精度:0.05 με)测量桩身应变。为保证埋设在土中的电阻应变片有较高"成活率",对模型桩纵向切

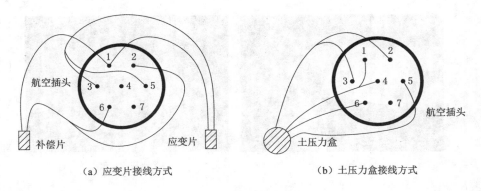

（a）应变片接线方式　　　　　　　（b）土压力盒接线方式

图 3-9　测试元件接线方法示意图

开,在内壁上以每 30 mm 的间隔在相对两侧布设 1 对应变片。为反映桩底附近应变,应变片在距桩底 15 mm 处布设。粘贴好应变片后,将模型桩用环氧树脂粘贴修复。将 BW11-1.2 型土压力盒[直径:12 mm,清晰度:1 $\mu\varepsilon$,灵敏度因子:(0.25±0.01)%,范围:0~1.2 MPa,精度:0.001 MPa]等间隔粘贴 5 个在每根桩外壁一侧,测量桩侧土压力。微型土压力盒经过 2 次油标检验,其稳定性较好。试验前,借助离心机测试系统平台,利用水压再次标定土压力盒,确保土压力盒在试验过程中所测得结果准确可靠。土压力盒标定如图 3-10 所示。

3.1.6　离心模型试验步骤

离心模型主要试验步骤如图 3-11 所示。

3.1.6.1　模型箱的就位

（1）为保证模型箱内土体密度均匀,将一定质量的土体按每层层厚 2 cm 分层压实。本试验土体密度为 1.85 g/cm³。由于模型箱长 70 cm、宽 36 cm,每层土压缩到 5 040 cm³,因此每层土质量要求为 9 324 g。每层土按 9 324 g 均匀地铺到模型箱里,将土体压实至 2 cm,重复上述步骤。由于离心模型试验中模型尺寸较小,难以按照实际施工步骤“水泥搅拌桩→空心桩→注浆体”完成空心桩的就位,为减小试验误差,将模型桩制作好后压入地基预留孔中:先根据桩位钻孔,钻孔深度为 18 cm,孔径略小于桩径,使桩、土间的摩阻力更接近实际,然后将模型桩压入孔中,如图 3-12 所示。

（2）将模型箱吊入离心机吊篮内,用螺栓将模型箱与吊篮、反力钢架固定,然后将土压盒、应变片和位移传感器连接到离心机测试通道上。

3.1.6.2　试验加载及数字采集

在控制计算机上将离心加速度设置为 140g,在该离心水平下持续运转,数据被传送到测量计算机。各级加载持续时间为 5 min,竖向加载通过在加载平

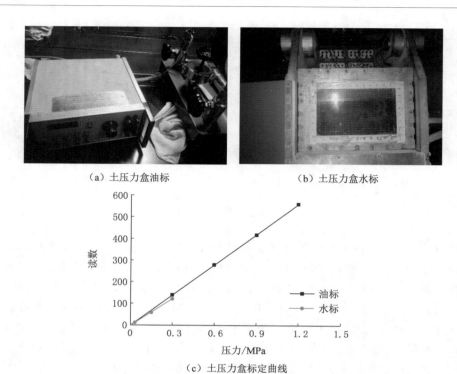

（a）土压力盒油标　　　　　　　　（b）土压力盒水标

（c）土压力盒标定曲线

图 3-10　土压力盒的标定

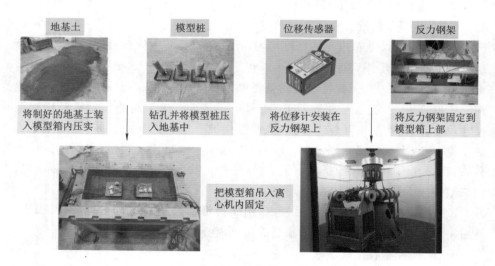

图 3-11　离心模型试验步骤

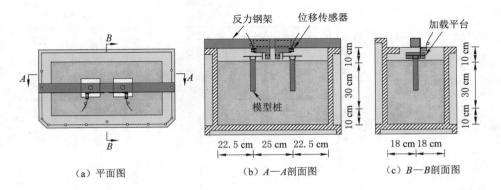

图 3-12　离心模型试验桩位布置

台上增加钢片实现,横向加载则是通过在钢绞线末端的吊钩上增加钢片实现,该钢绞线与桩顶连接并穿过固定于反力钢架上的滑轮来改变荷载的方向。竖向荷载加载分为 5 个等级,分别为:300 N、600 N、900 N、1 200 N、1 500 N;横向荷载也分为 5 级加载,分别为:50 N、100 N、150 N、200 N、250 N。需要说明的是,对于长径比为 10 和 12 的工况,考虑到其承载力较大,竖向荷载和横向荷载均增加了一级,即竖向荷载和横向荷载分别加载到 1 800 N 和 300 N,且竖向荷载和横向荷载不同时加载。

3.1.7　离心模型试验工况

桩的长径比是影响桩基分项承载力比重、桩端阻力发挥程度和桩基承载力的主要因素之一;而注浆体参数和水泥搅拌桩参数变化均会改变桩与桩侧土体的相互作用,进而影响超大直径空心独立复合桩基础的承载性能。因此,采用离心模型试验,通过改变空心桩长径比 L/D、桩侧注浆体参数(注浆体厚度 B、注浆体深度 L_1、弹性模量 E_1)和水泥搅拌桩参数(水泥搅拌桩桩长 L_2、弹性模量 E_2),研究不同荷载作用下超大直径空心独立复合桩基础的竖向与横向承载性状,分析工况见表 3-6。

表 3-6　超大直径空心独立复合桩基础离心模型试验分析工况

工况	L/D	L_1/mm	B/mm	E_1/MPa	L_2/mm	E_2/MPa
L/D	4、6、8、10、12	180	4	$2.0E_0$	180	$2.0E_0$
L_1	6	0、120、150、180	4	$2.0E_0$	L_1	$2.0E_0$
B	6	180	0、4、8、12	$2.0E_0$	180	$2.0E_0$

表 3-6(续)

工况	L/D	L_1/mm	B/mm	E_1/MPa	L_2/mm	E_2/MPa
E_1	6	180	4	$2.0E_0$、$2.5E_0$、$3.0E_0$、$3.5E_0$、$4.0E_0$	180	$2.0E_0$
L_2	6	180	4	$2.0E_0$	0、90、120、150、180	$2.0E_0$
E_2	6	180	4	$2.0E_0$	180	$2.0E_0$、$2.5E_0$、$3.0E_0$、$3.5E_0$、$4.0E_0$

注：E_0 代表未注浆土的弹性模量。

考虑到模型箱尺寸和离心试验设备的限制，取空心桩桩径 D 为固定值 30 mm，通过改变空心桩桩长研究不同长径比下大直径空心独立复合桩基础的承载及变形特性。

本书基于变形控制原则，取桩顶位移为 6%D 对应的竖向荷载 Q 作为竖向极限承载力。令 α_{ij} 为竖向极限承载力影响度，$\alpha_{ij}=|(Q_j-Q_1)/Q_1|$，其中，$i$ 为影响因素，即 i 为 L/D，L_1，B，E_1，L_2，$E_2 \cdots$；j 为该影响因素下的水平，j 取 1，2，3$\cdots$。例如 $\alpha_{(L/D)3}=|(Q_3-Q_1)/Q_1|$，由表 3-6 可知空心桩长径比变化水平为 4、6、8、10、12，则 Q_3 为空心桩长径比为 8 时的桩基竖向极限承载力 Q_u，Q_1 为空心桩长径比为 4 时的桩基竖向极限承载力，上式表示空心桩长径比为 8 时对桩基竖向承载力的影响度。取桩顶水平位移为 0.04 mm（即 6 mm/n，n 为离心加速度，本书 $n=140$）对应的横向荷载为横向极限承载力 H_u，令 β_{ij} 为横向极限承载力影响度，$\beta_{ij}=|(H_j-H_1)/H_1|$，$i$ 和 j 的含义与竖向相同。

3.2 竖向荷载作用下超大直径空心独立复合桩基承载特性

3.2.1 空心桩长径比变化下的超大直径空心独立复合桩竖向承载特性

3.2.1.1 空心桩长径比变化下桩的荷载-沉降(Q-s)特性

空心桩长径比变化下的超大直径空心独立复合桩基 Q-s 曲线如图 3-13 所示。

由图 3-13 可以看出，竖向荷载作用下，不同长径比的桩基 Q-s 曲线均为缓变形，没有明显拐点；随着长径比的增加，桩顶沉降逐渐减小。长径比 L/D 变化下的桩基竖向极限承载力 Q_u 变化规律如图 3-14 所示。

由图 3-14 可以看出，随着长径比的增加，超大直径空心独立复合桩基竖向

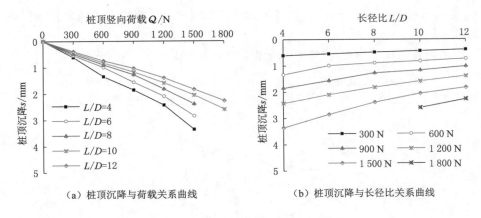

（a）桩顶沉降与荷载关系曲线　　　　　（b）桩顶沉降与长径比关系曲线

图 3-13　长径比变化下的桩基 $Q\text{-}s$ 曲线

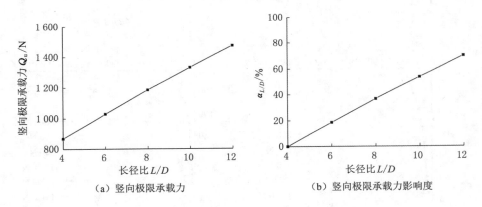

（a）竖向极限承载力　　　　　　　　（b）竖向极限承载力影响度

图 3-14　长径比变化下桩基竖向极限承载力变化规律

极限承载力显著提高，近似呈线性增长。长径比从 4 逐步增至 12 时，桩基竖向极限承载力分别为 866.9 N，1 028.5 N，1 185.1 N，1 332.8 N 和 1 473.1 N，增幅为 18.6%～69.9%。随超大直径空心独立复合桩的长径比增大，相应的桩侧面积增加，桩基竖向承载力更易发挥，表明长径比在 4～12 范围内增加是提高超大直径空心独立复合桩基竖向承载力的有效措施。

3.2.1.2　空心桩长径比变化下桩身轴力的分布规律

试验可直接测得相应深度下的截面应变，桩身某一截面的应力可通过胡克定律计算得到，将所得应力值乘以截面积，可得到该截面所受内力，即为该截面的桩身轴力：

$$F_i = \overline{\varepsilon}_i E_{\mathrm{p}} A \tag{3-5}$$

式中，F_i 为桩身第 i 截面轴力；$\overline{\varepsilon}_i$ 为桩身第 i 截面处两个应变片的应变平均值；

E_p 为模型桩的弹性模量；A 为模型桩的横截面面积。桩顶轴力近似取桩顶竖向荷载。

不同长径比下的桩身轴力 F 沿埋深的分布规律如图 3-15 所示。

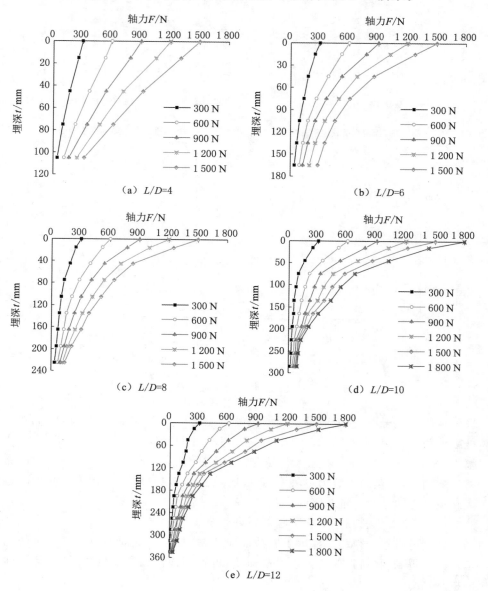

图 3-15　不同长径比下的桩身轴力分布规律

由图 3-15 可以看出，随着荷载增大，不同长径比下的桩身轴力不断增加，由于桩侧阻力的作用，桩身轴力沿埋深均表现为自上而下逐渐减小，且随埋深的增加，桩身轴力的衰减变慢，其衰减的快慢受桩顶荷载的影响，桩顶荷载较小时，桩身轴力衰减较慢，随桩顶荷载的增加，桩身轴力衰减速度增加，这也反映了桩侧阻力作用的大小。以荷载 900 N 为例，分析长径比对超大直径空心独立复合桩桩身轴力 F 的影响，如图 3-16 所示。

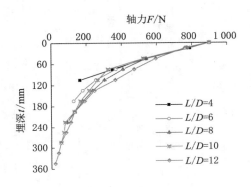

图 3-16　长径比对桩身轴力的影响

由图 3-16 可以看出，相同荷载作用下，长径比越大，桩身轴力沿埋深衰减得越快。L/D＝4、6、8、10、12 的桩，1/2 桩长处的轴力分别衰减了 50.6%、65.5%、70.0%、78.8%、82.1%。这是由于桩的长径比越大，传递到桩端的荷载越小，桩身下部侧阻发挥值相应降低，这与 Mattes(马特斯)和 Poulos(普洛斯)提出的长径比变化下的桩基理论一致。另外，由于本次试验中模型桩的长径比主要由桩长变化控制，而应变片沿桩身等间距布设，桩的长径比较小时，桩长和测点数量相应较少，桩身轴力沿埋深偏线性分布。

3.2.1.3　空心桩长径比变化下桩侧阻力的分布规律

为便于计算桩侧阻力，以应变片布设位置为分段节点，以应变片测点个数 n 将桩身离散为$(n＋1)$个单元，假设桩体深度范围内每层土的侧阻力相同，取平均侧阻力作为该层的侧阻力值，设 F_i 和 F_{i+1} 分别为第 i 单元上下节点的桩身轴力，A_i 为单元 i 的侧表面积，则推算第 i 层土的桩侧平均摩阻力 q_{si} 为：

$$q_{si} = \frac{F_i - F_{i+1}}{A_i} \tag{3-6}$$

由式(3-6)计算得到的不同长径比下桩侧阻力 q_s 沿埋深的变化规律如图 3-17 所示。

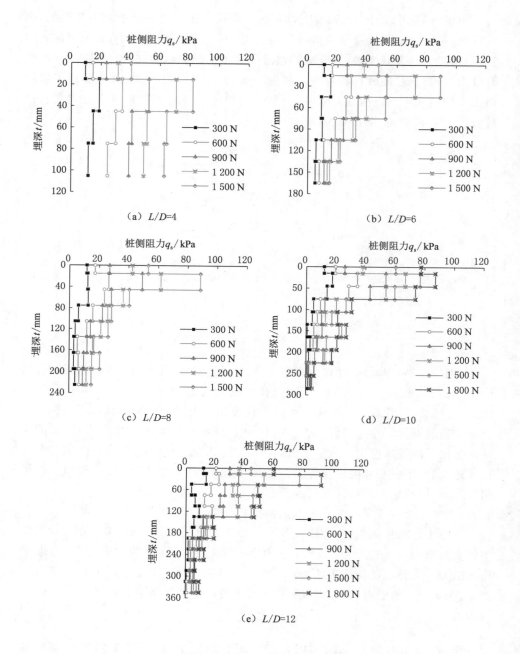

图 3-17　长径比变化下桩侧阻力变化规律

由图 3-17 可以看出,同一深度下,随桩顶荷载的增大,不同长径比的桩侧阻力增加;在同级荷载作用下,桩侧阻力沿桩身分布总体呈上大下小的倒葫芦形或三角形。这说明桩身上部的侧阻力先于下部发挥,即桩侧阻力自上而下逐步发挥。以荷载 900 N 为例,分析长径比对超大直径空心独立复合桩的侧阻力影响,如图 3-18 所示。

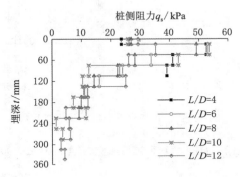

图 3-18　长径比对桩侧阻力的影响

由图 3-18 可以看出,相同荷载作用下,不同长径比的桩侧阻力沿埋深的分布规律相似,从地面到 1/3～1/2 桩长范围内桩侧阻力发挥得较为充分,其峰值均出现在埋深 15～75 mm 内;长径比较小时,桩长 1/2 以下的侧阻力更易发挥。总体来说,桩侧阻力沿埋深的分布更大程度上取决于桩侧土体的性质,长径比对其影响较小。

3.2.1.4　空心桩长径比变化下桩基分项承载力变化规律

本书的分项承载力指桩的极限承载力 Q_u 对应的桩侧阻力 Q_s 和桩端阻力 Q_p,长径比变化下的桩基分项承载力变化规律如图 3-19 所示。

由图 3-19 可以看出,随长径比增加,桩侧阻力明显增加,且其比重 Q_s/Q_u 逐渐增加;桩端阻力变化不明显,但其比重 Q_p/Q_u 逐渐减小。当长径比从 4 逐步增至 12 时,桩侧阻力(及比重 Q_s/Q_u)分别为 602.9 N(69.5%)、725.8 N(70.6%)、873.1 N(73.7%)、1 035.0 N(77.7%)、1 238.7.7 N(84.1%),桩侧阻力增幅为 20.4%～105.5%,Q_s/Q_u 增幅为 1.5%～20.9%,Q_p/Q_u 减幅为 3.4%～47.8%。这说明随长径比增加,桩基受力特性逐渐表现为摩擦桩特性,桩顶荷载主要由桩侧阻力承担;相同的桩顶沉降下,桩侧阻力先于桩端阻力充分发挥。

3.2.2　桩侧注浆体参数变化下的超大直径空心独立复合桩竖向承载特性

3.2.2.1　注浆体深度变化下的超大直径空心独立复合桩基竖向承载特性

（1）注浆体深度变化下桩的荷载-沉降(Q-s)特性

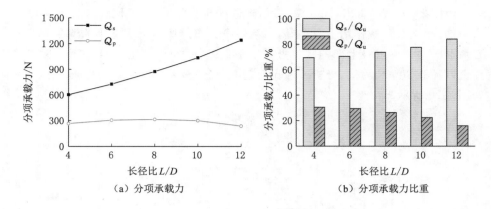

（a）分项承载力　　　　　　　（b）分项承载力比重

图 3-19　长径比变化下分项承载力变化规律

注浆体深度变化下的超大直径空心独立复合桩基 Q-s 曲线如图 3-20 所示。

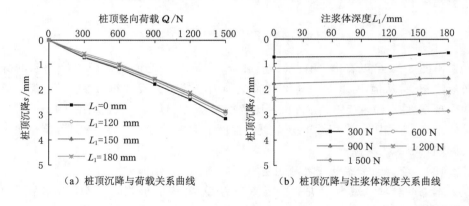

（a）桩顶沉降与荷载关系曲线　　　（b）桩顶沉降与注浆体深度关系曲线

图 3-20　注浆体深度变化下的桩基 Q-s 曲线

由图 3-20 可以看出，竖向荷载作用下，不同注浆体深度的桩基 Q-s 曲线均为缓变形，没有明显拐点；随着注浆体深度的增加，桩顶沉降逐渐减小。注浆体深度 L_1 变化下的桩基竖向极限承载力变化规律如图 3-21 所示。

由图 3-21 可以看出，随着注浆体深度的增加，超大直径空心独立复合桩基竖向极限承载力呈分段式增长规律。注浆体深度小于 120 mm 时，桩基竖向极限承载力增幅较小，为 6.5%；注浆体深度大于 120 mm 后，桩基竖向极限承载力平均增幅为 12.0%。这说明注浆体深度的增加在一定范围内可强化桩与桩侧土间的相互作用，进而提高桩基竖向承载力。建议注浆体深度 L_1 取 $(5/6 \sim 1)L$ 且不小于 L_2，避免出现软弱夹层。

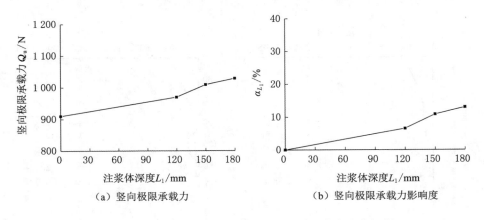

图 3-21　注浆体深度变化下桩基竖向极限承载力变化规律

（2）注浆体深度变化下桩身轴力的分布规律

不同注浆体深度下的桩身轴力 F 沿埋深的分布规律如图 3-22 所示。

由图 3-22 可以看出，不同注浆体深度下的桩身轴力沿埋深的分布规律与不同长径比下的桩身轴力分布规律一致，随着荷载增大，不同注浆体深度的桩身轴力不断增加，在桩侧阻力的作用下，桩身轴力沿埋深均表现为自上而下逐渐减小。以荷载 900 N 为例，分析注浆体深度对超大直径空心独立复合桩的轴力影响，如图 3-23 所示。

由图 3-23 可以看出，相同桩顶荷载作用下，注浆体深度变化时，下部 2/3 桩长范围内桩身轴力分布差异较大，随注浆体深度增加，桩身轴力的衰减并无明显规律。其中，$L_1 = 0$ mm 与 $L_1 = 120$ mm 两个工况为同一模型箱试验，而 $L_1 = 150$ mm 和 $L_1 = 180$ mm 为同一模型箱试验，推测由于试验中人工条件或其他原因导致两箱的地基土性质存在误差，故出现上述现象。但是分箱分析可发现：当注浆体深度 L_1 为 0 mm 和 120 mm 时，1/2 桩长处的轴力分别衰减了 67.0% 和 72.2%；当注浆体深度 L_1 为 150 mm 和 180 mm 时，1/2 桩长处的轴力分别衰减了 63.7% 和 65.5%。这说明当注浆体深度增加时，桩侧阻力增加，桩身轴力沿埋深衰减加快。

（3）注浆体深度变化下桩侧阻力的分布规律

不同注浆体深度下桩侧阻力 q_s 沿埋深的变化规律如图 3-24 所示。

由图 3-24 可以看出，相同荷载作用下，桩侧阻力沿桩身分布总体呈上大下小的倒葫芦形或三角形；同一深度下，随桩顶荷载的增大，不同注浆体深度的桩侧阻力增加。这说明桩身上部的侧阻力先于下部发挥，即桩侧阻力自上而下逐步发挥。以荷载 900 N 为例，分析注浆体深度对超大直径空心独立复合桩侧阻力 q_s 的影响，如图 3-25 所示。

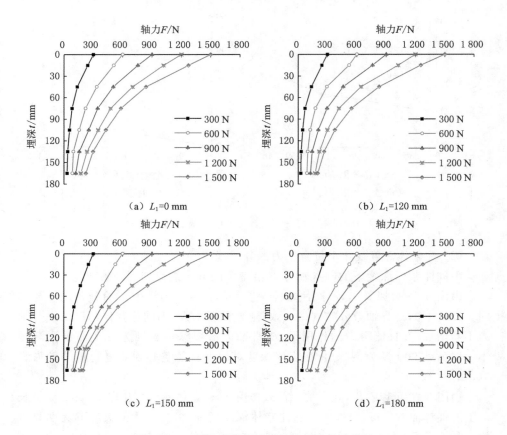

图 3-22 不同注浆体深度的桩身轴力分布规律

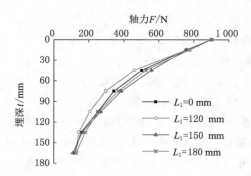

图 3-23 注浆体深度对桩身轴力的影响

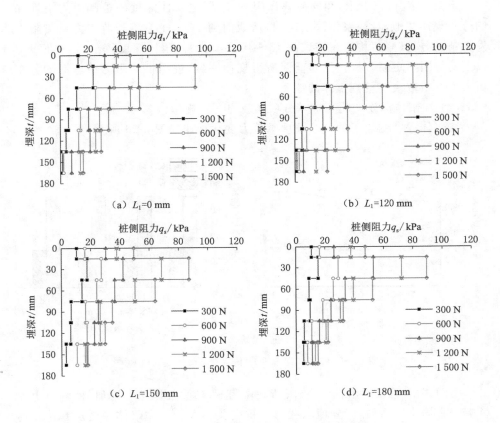

图 3-24　注浆体深度变化下桩侧阻力变化规律

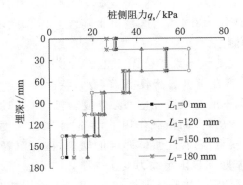

图 3-25　注浆体深度对桩侧阻力的影响

由图 3-25 可以看出，相同荷载作用下，不同注浆体深度的桩侧阻力沿埋深的分布规律相似，且注浆体深度越深，从地面到 1/3～1/2 桩长范围内桩侧阻力发挥越充分，其峰值均出现在埋深 15～45 mm 内；注浆体深度较小时，桩长 1/2 以下的侧阻力更易发挥。这与前面所得规律一致，说明桩侧阻力沿埋深的分布更大程度上取决于桩侧土体的性质。

（4）注浆体深度变化下桩基分项承载力变化规律

注浆体深度变化下的桩基分项承载力变化规律如图 3-26 所示。

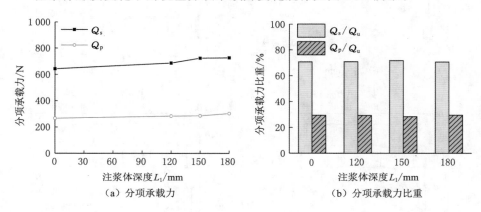

（a）分项承载力　　　　　　　　（b）分项承载力比重

图 3-26　注浆体深度变化下分项承载力变化规律

由图 3-26 可以看出，竖向极限荷载作用下，随注浆体深度增加，桩侧阻力和桩端阻力均明显增加，但分项承载力比重变化不大。当注浆体深度从 0 mm 逐步增至 180 mm 时，桩侧阻力（及比重 Q_s/Q_u）分别为 643.0 N（70.7％）、686.2 N（70.8％）、723.1 N（71.7％）、725.8 N（70.6％），桩侧阻力增加了 6.7％～12.9％，桩端阻力增加了 6.1％～13.4％。这是由于随注浆体深度增加，桩周土体强度增加，所能够提供的侧阻力增大。

3.2.2.2　注浆体厚度变化下的超大直径空心独立复合桩基竖向承载特性

（1）注浆体厚度变化下桩的荷载-沉降（Q-s）特性

注浆体厚度变化下的超大直径空心独立复合桩基 Q-s 曲线如图 3-27 所示。

由图 3-27 可以看出，竖向荷载作用下，不同注浆体深度的桩基 Q-s 曲线均为缓变形，没有明显拐点；随着注浆体厚度的增加，桩顶沉降逐渐减小。注浆体厚度 B 变化下的桩基竖向极限承载力变化规律如图 3-28 所示。

由图 3-28 可以看出，当注浆体厚度在 0～8 mm 内增加时，超大直径空心独立复合桩基竖向极限承载力提高明显，当注浆体厚度超过 8 mm 后，桩基竖向极限承载力增幅减小。注浆体厚度从 0 mm 逐步增至 12 mm 时，桩基竖向承载力分

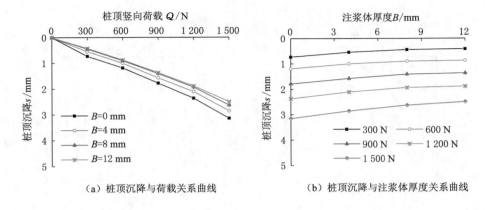

（a）桩顶沉降与荷载关系曲线　　　　　（b）桩顶沉降与注浆体厚度关系曲线

图 3-27　注浆体厚度变化下的桩基 Q-s 曲线

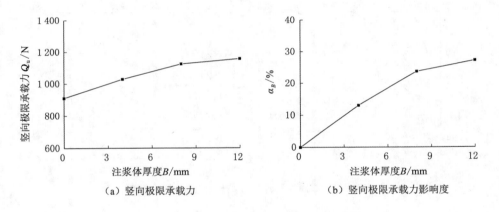

（a）竖向极限承载力　　　　　　　（b）竖向极限承载力影响度

图 3-28　注浆体厚度变化下桩基竖向极限承载力变化规律

别为 910.0 N、1 028.5 N、1 125.6 N、1 158.1 N，增幅为 13.0%、23.7%、27.3%。这是由于注浆体厚度的增加可强化桩与桩侧土间的相互作用，提高桩侧阻力，建议注浆体厚度取（2/15～4/15）D。

（2）注浆体厚度变化下桩身轴力的分布规律

不同注浆体厚度下的桩身轴力 F 沿埋深的分布规律如图 3-29 所示。

由图 3-29 可以看出，随着荷载增大，不同注浆体厚度的桩身轴力不断增加，在桩侧阻力的作用下，桩身轴力沿埋深均表现为自上而下逐渐减小。以荷载 900 N 为例，分析注浆体厚度 B 对超大直径空心独立复合桩的轴力影响，如图 3-30 所示。

由图 3-30 可以看出，相同荷载作用下，随注浆体厚度增加，桩身轴力沿埋深的衰减幅度呈增加趋势。注浆体厚度 B 由 0 mm 逐步增至 12 mm 时，1/2 桩长

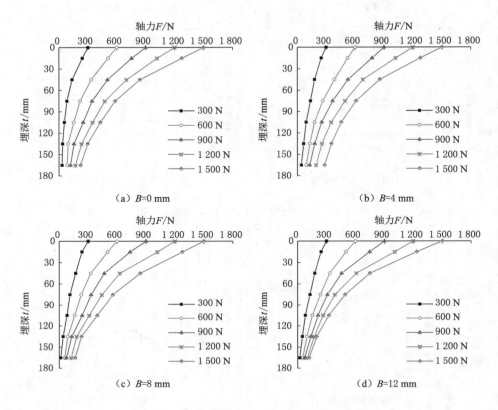

图 3-29 不同注浆体厚度的桩身轴力分布规律

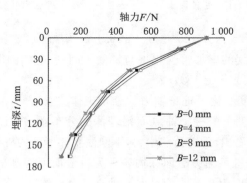

图 3-30 注浆体厚度对桩身轴力的影响

处的轴力衰减了 65.5%～71.1%。这说明当注浆体厚度增加时,桩侧阻力增加,桩身轴力沿埋深衰减加快。

（3）注浆体厚度变化下桩侧阻力的分布规律

不同注浆体厚度下桩侧阻力 q_s 沿埋深的变化规律如图 3-31 所示。

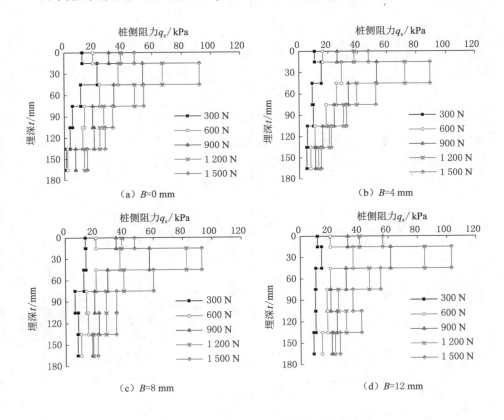

图 3-31　注浆体厚度变化下桩侧阻力变化规律

由图 3-31 可以看出,相同荷载作用下,桩侧阻力沿桩身分布呈上大下小的倒葫芦形或三角形;同一深度下,随桩顶荷载的增大,不同注浆体厚度的桩侧阻力增加。这说明桩身上部的侧阻力先于下部发挥,即桩侧阻力自上而下逐步发挥。以荷载 900 N 为例,分析注浆体厚度对超大直径空心独立复合桩侧阻力 q_s 的影响,如图 3-32 所示。

由图 3-32 可以看出,相同荷载作用下,不同注浆体厚度的桩侧阻力沿埋深的分布规律相似,且注浆体厚度越厚,相同埋深的平均桩侧阻力越大,其峰值均出现在埋深 15～45 mm 内。总体来说,桩侧阻力沿埋深的分布更大程度上取决

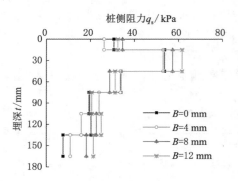

图 3-32 注浆体厚度对桩侧阻力的影响

于桩侧土体的性质,注浆体厚度越大,桩侧阻力越易发挥。

（4）注浆体厚度变化下桩基分项承载力变化规律

注浆体厚度变化下的桩基分项承载力变化规律如图 3-33 所示。

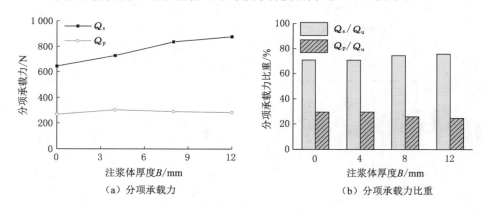

（a）分项承载力　　　　　　　　　（b）分项承载力比重

图 3-33 注浆体厚度变化下分项承载力变化规律

由图 3-33 可以看出,竖向极限荷载作用下,随注浆体厚度增加,桩侧阻力明显增加,且其比重 Q_s/Q_u 小幅增加;桩端阻力变化较小,其比重 Q_p/Q_u 略有减小。当注浆体厚度从 0 mm 逐步增至 12 mm 时,桩侧阻力（及比重 Q_s/Q_u）分别为 643.0 N（70.7%）、725.8 N（70.6%）、836.8 N（74.3%）、875.8 N（75.6%）,桩侧阻力增加了 12.9%～36.2%,桩端阻力增加了 5.7%～13.4%。这说明随注浆体厚度增加,桩周土体强度增加,所能够提供的侧阻力增大。

3.2.2.3 注浆体弹性模量变化下的超大直径空心独立复合桩基竖向承载特性

（1）注浆体弹性模量变化下桩的荷载-沉降（Q-s）特性

注浆体弹性模量变化下的超大直径空心独立复合桩基 Q-s 曲线如图 3-34 所示。

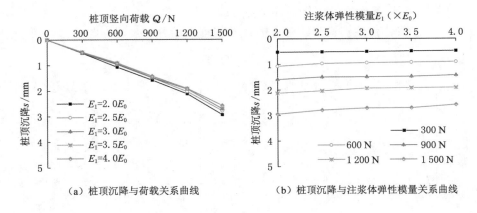

图 3-34　注浆体弹性模量变化下的桩基 Q-s 曲线

由图 3-34 可以看出,竖向荷载作用下,不同注浆体弹性模量的桩基 Q-s 曲线均为缓变形,没有明显拐点;随着注浆体弹性模量的增加,桩顶沉降逐渐减小。注浆体弹性模量 E_1 变化下的桩基竖向极限承载力变化规律如图 3-35 所示。

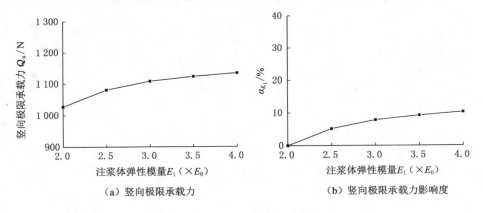

图 3-35　注浆体弹性模量变化下桩基竖向极限承载力变化规律

由图 3-35 可以看出,当注浆体弹性模量在 $2.0E_0$ 到 $4.0E_0$ 范围内增加时,超大直径空心独立复合桩基竖向极限承载力大幅提高,当注浆体弹性模量超过 $3.5E_0$ 后,桩基竖向极限承载力增幅减小。注浆体弹性模量从 $2.0E_0$ 逐步增至 $4.0E_0$ 时,桩基竖向极限承载力分别为 1 027.9 N、1 080.8 N、1 108.0 N、1 122.7 N 和 1 133.5 N,增幅为 5.1%、7.8%、9.2% 和 10.3%。这是由于注浆体弹性模量的增加在一定范围内可强化桩与桩侧土间的相互作用,提高桩侧阻力。建议注浆体弹性模量取 $(3.0\sim4.0)E_0$ 且不小于 E_2。

（2）注浆体弹性模量变化下桩身轴力的分布规律

不同注浆体弹性模量下的桩身轴力 F 沿埋深的分布规律如图 3-36 所示。

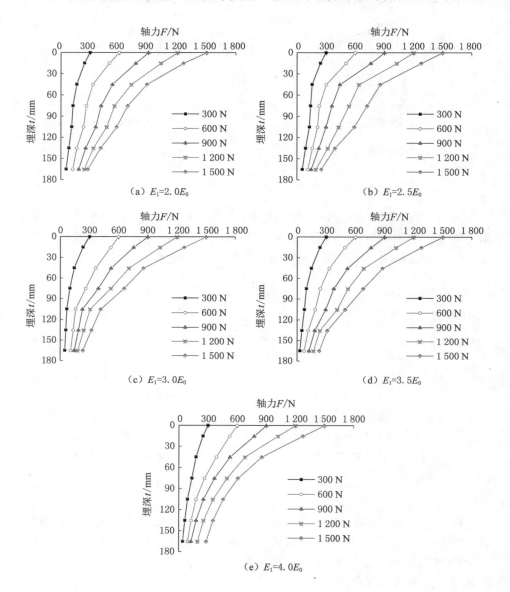

图 3-36　不同注浆体弹性模量的桩身轴力分布规律

由图 3-36 可以看出，随着荷载增大，不同注浆体弹性模量的桩身轴力不断增加,在桩侧阻力的作用下,桩身轴力沿埋深均表现为自上而下逐渐减小。以荷载 900 N 为例,分析注浆体弹性模量 E_1 对超大直径空心独立复合桩的轴力影响,如图 3-37 所示。

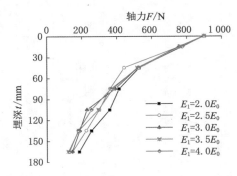

图 3-37　注浆体弹性模量对桩身轴力的影响

由图 3-37 可以看出,相同荷载作用下,注浆体弹性模量变化时,下部 2/3 桩长范围内桩身轴力分布差异较大,随注浆体弹性模量增加,桩身轴力的衰减幅度总体呈先增加后减小趋势。如当注浆体弹性模量 E_1 由 $2.0E_0$ 逐步增至 $4.0E_0$ 时,1/2 桩长处的轴力衰减了 $57.2\% \sim 65.6\%$。这说明当注浆体弹性模量增加时,桩侧阻力增加,桩身轴力沿埋深衰减加快,注浆体弹性模量超过一定范围后,注浆体外侧的水泥搅拌桩和地基土能够提供的侧阻达到上限,对轴力的影响减小。

（3）注浆体弹性模量变化下桩侧阻力的分布规律

不同注浆体弹性模量下桩侧阻力 q_s 沿埋深的变化规律如图 3-38 所示。

由图 3-38 可以看出,相同荷载作用下,桩侧阻力沿桩身分布总体呈上大下小的倒葫芦形或三角形;同一深度下,随桩顶荷载的增大,不同注浆体弹性模量的桩侧阻力增加。这说明桩身上部的侧阻力先于下部发挥,即桩侧阻力自上而下逐步发挥。以荷载 900 N 为例,分析注浆体弹性模量对超大直径空心独立复合桩侧阻力 q_s 的影响,如图 3-39 所示。

由图 3-39 可以看出,相同荷载作用下,不同注浆体弹性模量的桩侧阻力沿埋深的分布规律差异较大。总体上来看,注浆体弹性模量较大时,相同埋深的平均桩侧阻力较大,其峰值均出现在埋深 $15 \sim 45$ mm 内,桩侧阻力沿埋深的分布更大程度上取决于桩侧土体的性质,注浆体弹性模量越大,上部 $1/3 \sim 1/2$ 桩长范围内的侧阻力越易发挥。

（4）注浆体弹性模量变化下桩基分项承载力变化规律

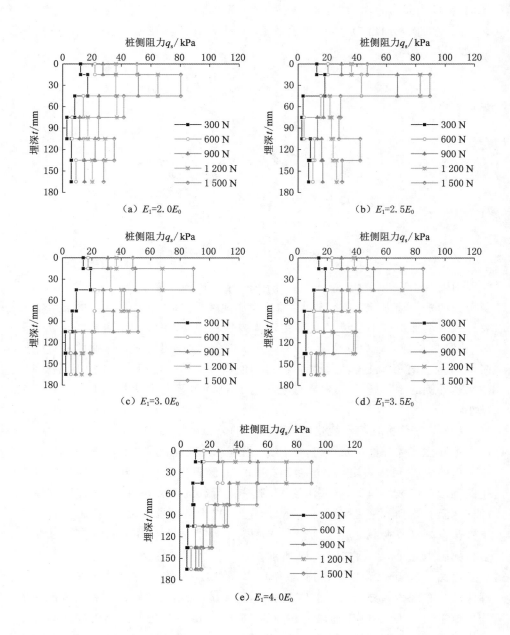

图 3-38　注浆体弹性模量变化下桩侧阻力变化规律

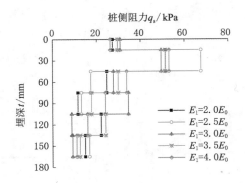

图 3-39　注浆体弹性模量对桩侧阻力的影响

注浆体弹性模量变化下的桩基分项承载力变化规律如图 3-40 所示。

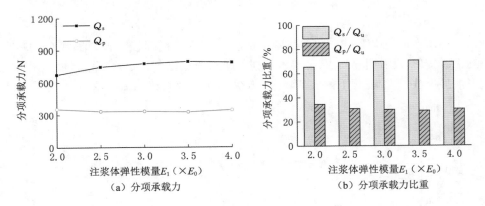

（a）分项承载力　　　　　　　　（b）分项承载力比重

图 3-40　注浆体弹性模量变化下分项承载力变化规律

由图 3-40 可以看出，竖向极限荷载作用下，随注浆体弹性模量增加，桩侧阻力明显增加，其比重 Q_s/Q_u 略有增加，桩端阻力变化较小。当注浆体弹性模量从 $2.0E_0$ 逐步增至 $4.0E_0$ 时，桩侧阻力（及其比重 Q_s/Q_u）分别为 673.6 N（65.5%）、747.9 N（69.2%）、778.2 N（70.0%）、796.2 N（70.9%）和 788.5 N（69.6%），桩侧阻力增幅为 11.0%～18.2%，桩端阻力减小了 2.6%～7.8%。这说明随注浆体弹性增加，桩周土体强度增加，所能够提供的侧阻力增大，也表明注浆体弹性模量对桩侧阻力的影响大于桩端阻力。

3.2.3　水泥搅拌桩参数变化下的超大直径空心独立复合桩竖向承载特性

3.2.3.1　水泥搅拌桩桩长变化下的超大直径空心独立复合桩基竖向承载特性

（1）水泥搅拌桩桩长变化下桩的荷载-沉降（Q-s）特性

水泥搅拌桩桩长变化下的超大直径空心独立复合桩基 Q-s 曲线如图 3-41 所示。

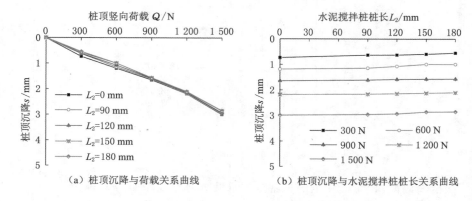

（a）桩顶沉降与荷载关系曲线 　　　（b）桩顶沉降与水泥搅拌桩桩长关系曲线

图 3-41　水泥搅拌桩桩长变化下的桩基 Q-s 曲线

由图 3-41 可以看出,竖向荷载作用下,不同水泥搅拌桩桩长的桩基 Q-s 曲线均为缓变形,没有明显拐点;随着水泥搅拌桩桩长的增加,桩顶沉降逐渐减小。水泥搅拌桩桩长 L_2 变化下的桩基竖向极限承载力变化规律如图 3-42 所示。

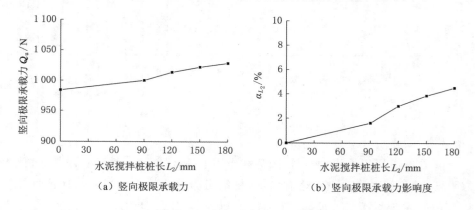

（a）竖向极限承载力 　　　　　（b）竖向极限承载力影响度

图 3-42　水泥搅拌桩桩长变化下桩基竖向极限承载力变化规律

由图 3-42 可以看出,随着水泥搅拌桩桩长的增加,超大直径空心独立复合桩基竖向极限承载力呈分段式增长规律。水泥搅拌桩桩长 90 mm 是一个明显的分界点,水泥搅拌桩桩长小于 90 mm 时,桩基竖向极限承载力提高较慢,增幅为 1.6%;水泥搅拌桩桩长大于 90 mm 后,桩基竖向极限承载力明显提高,增幅分别为 3.0%、3.9% 和 4.5%。与注浆体深度相比,水泥搅拌桩桩长对桩基竖向承载力的影响程度较小。这是由于水泥搅拌桩桩长的增加在一定范围内可强化桩与桩侧土间的相互作用,提高桩侧阻力,但由于竖向荷载沿桩身向下传递时存在一定扩散,距空心桩外侧较远的水泥搅拌桩上部对桩基竖向承载能力贡献有限,建议水泥搅拌桩桩长 L_2 与空心桩桩长 L 保持一致。

（2）水泥搅拌桩桩长变化下桩身轴力的分布规律

不同水泥搅拌桩桩长下的桩身轴力 F 沿埋深的分布规律如图 3-43 所示。

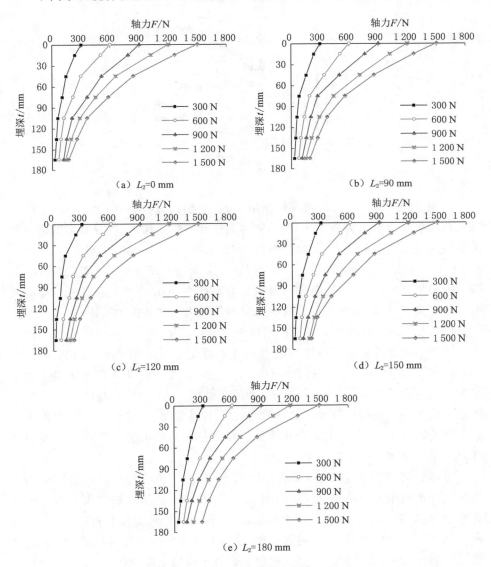

图 3-43　不同水泥搅拌桩桩长下的桩身轴力分布规律

由图 3-43 可以看出,不同水泥搅拌桩桩长下的桩身轴力均随着荷载增大而增加,在桩侧阻力的作用下,桩身轴力沿埋深均表现为自上而下逐渐减小。以荷载 900 N 为例,分析水泥搅拌桩桩长 L_2 对超大直径空心独立复合桩的轴力影响,如图 3-44 所示。

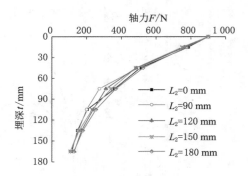

图 3-44　水泥搅拌桩桩长对桩身轴力的影响

由图 3-44 可以看出,相同荷载作用下,水泥搅拌桩桩长变化时,在下部 2/3 桩长范围内桩身轴力分布差异较大,随水泥搅拌桩桩长增加,桩身轴力的衰减幅度总体呈先增后减趋势。当水泥搅拌桩桩长 L_2 由 0 mm 逐步增至 180 mm 时,1/2 桩长处的轴力衰减了 68.1%～73.7%。这说明水泥搅拌桩桩长增加在一定程度上可增强桩侧阻力,桩身轴力沿埋深衰减加快,但由于水泥搅拌桩与空心桩有一定距离,继续增加水泥搅拌桩桩长对桩侧阻力的增加能力有限。

(3) 水泥搅拌桩桩长变化下桩侧阻力的分布规律

不同水泥搅拌桩桩长下桩侧阻力 q_s 沿埋深的变化规律如图 3-45 所示。

由图 3-45 可以看出,相同荷载作用下,桩侧阻力沿桩身分布总体呈上大下小的倒葫芦形或三角形;同一深度下,随荷载的增大,不同水泥搅拌桩桩长的桩侧阻力增加。这说明桩身上部的侧阻力先于下部发挥,即桩侧阻力自上而下逐步发挥。以荷载 900 N 为例,分析水泥搅拌桩桩长对超大直径空心独立复合桩侧阻力 q_s 的影响,如图 3-46 所示。

由图 3-46 可以看出,相同荷载作用下,水泥搅拌桩桩长变化对桩侧阻力沿埋深的分布规律影响较小。从地面到 1/3～1/2 桩长范围内桩侧阻力发挥较为充分,且桩侧阻力峰值均出现在埋深 15～45 mm 内。水泥搅拌桩桩长较短时,桩长 1/3～1/2 范围的侧阻力更易发挥,这与上节轴力分析所得规律一致。总体来说,桩侧阻力沿埋深的分布更大程度上取决于桩侧土体的性质,水泥搅拌桩桩长对桩侧阻力的分布影响不大。

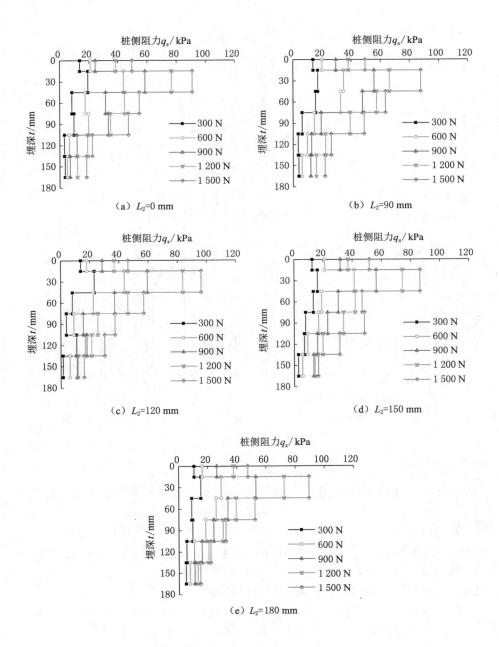

（a）$L_2=0$ mm

（b）$L_2=90$ mm

（c）$L_2=120$ mm

（d）$L_2=150$ mm

（e）$L_2=180$ mm

图 3-45　水泥搅拌桩桩长变化下桩侧阻力变化规律

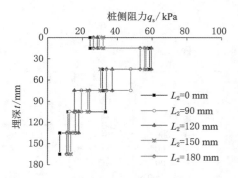

图 3-46　水泥搅拌桩桩长对桩侧阻力的影响

（4）水泥搅拌桩桩长变化下桩基分项承载力变化规律

水泥搅拌桩桩长变化下的桩基分项承载力变化规律如图 3-47 所示。

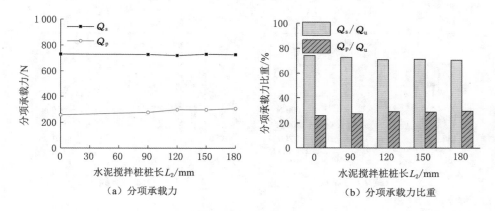

（a）分项承载力　　　　　　　　（b）分项承载力比重

图 3-47　水泥搅拌桩桩长变化下分项承载力变化规律

由图 3-47 可以看出，竖向极限荷载作用下，随水泥搅拌桩桩长增加，桩侧阻力及其比重变化较小，桩端阻力有所增加。当水泥搅拌桩桩长从 0 mm 逐步增至 180 mm 时，桩侧阻力（及其比重 Q_s/Q_u）分别为 729.4 N（74.1%）、726.6 N（72.7%）、718.9 N（70.9%）、728.6 N（71.3%）、725.8 N（70.6%），桩侧阻力略有减小，桩端阻力增加了 7.3%～18.8%。这是由于随水泥搅拌桩桩长增加，桩周土体强度增加，相当于桩底有效桩径增加，所能够提供的桩端阻力增大，故水泥搅拌桩桩长对桩端阻力的影响大于桩侧阻力。

3.2.3.2　水泥搅拌桩弹性模量变化下的超大直径空心独立复合桩基竖向承载特性

（1）水泥搅拌桩弹性模量变化下桩的荷载-沉降（Q-s）特性

水泥搅拌桩弹性模量变化下的超大直径空心独立复合桩基 Q-s 曲线如图 3-48 所示。

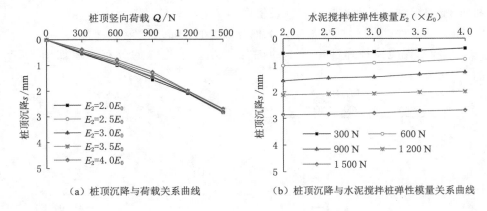

（a）桩顶沉降与荷载关系曲线　　　　（b）桩顶沉降与水泥搅拌桩弹性模量关系曲线

图 3-48　水泥搅拌桩弹性模量变化下的桩基 Q-s 曲线

由图 3-48 可以看出，竖向荷载作用下，不同水泥搅拌桩弹性模量的桩基 Q-s 曲线均为缓变形，没有明显拐点；随着水泥搅拌桩弹性模量的增加，桩顶沉降逐渐减小。水泥搅拌桩弹性模量 E_2 变化下的桩基竖向极限承载力变化规律如图 3-49 所示。

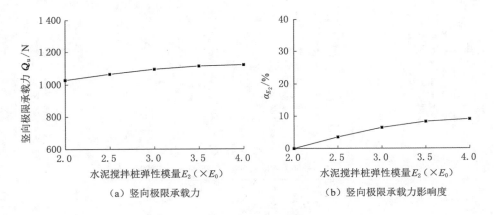

（a）竖向极限承载力　　　　　　（b）竖向极限承载力影响度

图 3-49　水泥搅拌桩弹性模量变化下桩基竖向极限承载力变化规律

由图 3-49 可以看出，随水泥搅拌桩弹性模量增加，超大直径空心独立复合桩基竖向极限承载力明显提高。水泥搅拌桩弹性模量从 $2.0E_0$ 逐步增至 $4.0E_0$ 时，桩基竖向承载力分别为 1 028.5 N、1 064.5 N、1 094.9 N、1 113.8 N 和 1 121.4 N，增幅为 3.5%、6.9%、8.3% 和 9.0%。这是由于水泥搅拌桩弹性模量增加到一定程度后，虽然水泥搅拌桩强度增加，但注浆体及水泥搅拌桩外侧土体强度并未随之增加，此时对复合桩承载力起控制作用的是注浆体及水泥搅拌桩外侧土体,建议水泥搅拌桩弹性模量取$(3.0\sim3.5)E_0$。

（2）水泥搅拌桩弹性模量变化下桩身轴力的分布规律

不同水泥搅拌桩弹性模量下的桩身轴力 F 沿埋深的分布规律如图 3-50 所示。

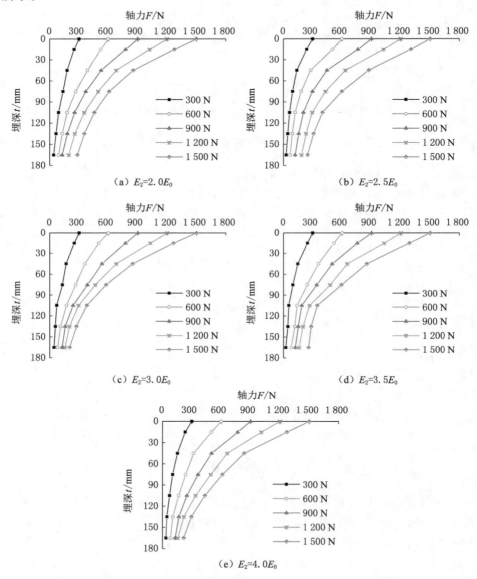

图 3-50　不同水泥搅拌桩弹性模量的桩身轴力分布规律

由图 3-50 可以看出，随着荷载增大，不同水泥搅拌桩弹性模量的桩身轴力不断增加，在桩侧阻力的作用下，桩身轴力沿埋深均表现为自上而下逐渐减小。以荷载 900 N 为例，分析水泥搅拌桩弹性模量 E_2 对超大直径空心独立复合桩的轴力影响，如图 3-51 所示。

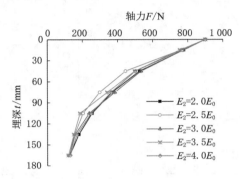

图 3-51　水泥搅拌桩弹性模量对桩身轴力的影响

由图 3-51 可以看出，相同荷载作用下，水泥搅拌桩弹性模量变化时，在下部 2/3 桩长范围内桩身轴力分布差异较大，随水泥搅拌桩弹性模量增加，桩身轴力的衰减幅度总体呈先增后减趋势。如当水泥搅拌桩弹性模量 E_1 由 $2.0E_0$ 逐步增至 $4.0E_0$ 时，1/2 桩长处的轴力衰减了 65.5%～72.1%。这说明当水泥搅拌桩弹性模量增加时，桩侧阻力增加，桩身轴力沿埋深衰减加快，水泥搅拌桩弹性模量超过一定范围后，注浆体和水泥搅拌桩外侧地基土能够提供的侧阻达到上限，故对轴力的影响减小。

（3）水泥搅拌桩弹性模量变化下桩侧阻力的分布规律

不同水泥搅拌桩弹性模量下桩侧阻力 q_s 沿埋深的变化规律如图 3-52 所示。

由图 3-52 可以看出，相同荷载作用下，桩侧阻力沿桩身分布总体呈上大下小的倒葫芦形或三角形；同一深度下，随荷载的增大，不同水泥搅拌桩弹性模量的桩侧阻力增加。这说明桩身上部的侧阻力先于下部发挥，即桩侧阻力自上而下逐步发挥。以荷载 900 N 为例，分析水泥搅拌桩弹性模量对超大直径空心独立复合桩侧阻力 q_s 的影响，如图 3-53 所示。

由图 3-53 可以看出，相同荷载作用下，不同水泥搅拌桩弹性模量的桩侧阻力沿埋深的分布规律相似。水泥搅拌桩弹性模量较大时，相同埋深的平均桩侧阻力较大，其峰值均出现在埋深 15～45 mm 内，桩侧阻力沿埋深的分布更大程度上取决于桩侧土体的性质，水泥搅拌桩弹性模量越大，上部 1/3～1/2 桩长范

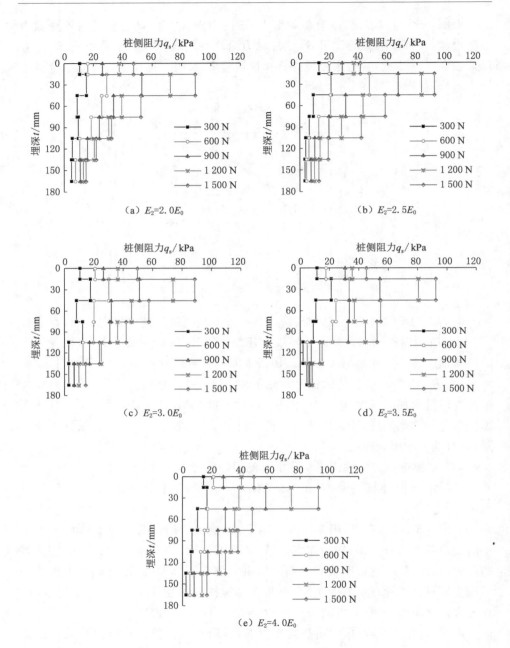

图 3-52　不同水泥搅拌桩弹性模量的桩侧阻力分布规律

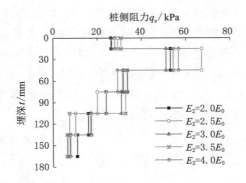

图 3-53　水泥搅拌桩弹性模量对桩侧阻力的影响

围内的侧阻力越易发挥，这是由于水泥搅拌桩弹性模量的增加在一定范围内可强化桩与桩侧土间的相互作用，但由于竖向荷载向下传递时存在一定扩散，距空心桩较远的水泥搅拌桩上部对桩侧阻力贡献有限。

（4）水泥搅拌桩弹性模量变化下桩基分项承载力变化规律

水泥搅拌桩弹性模量变化下的桩基分项承载力变化规律如图 3-54 所示。

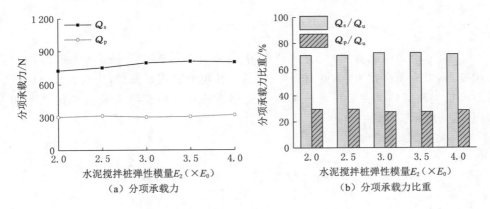

（a）分项承载力　　　　　　　　（b）分项承载力比重

图 3-54　水泥搅拌桩弹性模量变化下分项承载力变化规律

由图 3-54 可以看出，竖向极限荷载作用下，随水泥搅拌桩弹性模量增加，桩侧阻力和桩端阻力均有增加，但其比重变化很小。当水泥搅拌桩弹性模量从 $2.0E_0$ 逐步增至 $4.0E_0$ 时，桩侧阻力（及其比重 Q_s/Q_u）分别为 725.8 N（70.6%）、752.2 N（70.6%）、794.4 N（72.6%）、808.5 N（72.6%）和 801.0 N（71.4%），桩侧阻力增加了 3.6%～11.4%，桩端阻力增加了 0.8%～5.8%。这说明随水泥搅拌桩弹性模量增加，桩周土所能够提供的侧阻力增大。此外，桩的有效刚度增加了,故水泥搅拌桩弹性模量对桩侧阻力和桩端阻力均有影响。

3.2.4 桩体类型变化下的超大直径空心独立复合桩竖向承载特性

3.2.4.1 桩体类型变化下桩的荷载-沉降(Q-s)特性

为探明桩周注浆体、水泥搅拌桩对超大直径空心独立复合桩竖向承载特性的影响程度,选择空心桩、空心桩+注浆体、复合桩三种桩体类型进行分析,得到桩体类型变化下的超大直径空心独立复合桩基 Q-s 曲线,如图 3-55 所示。

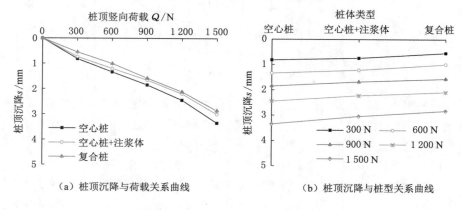

（a）桩顶沉降与荷载关系曲线　　　　（b）桩顶沉降与桩型关系曲线

图 3-55　桩体类型变化下的桩基 Q-s 曲线

由图 3-55 可以看出,竖向荷载作用下,不同桩体类型的桩基 Q-s 曲线均为缓变形,没有明显拐点。不同桩体类型的桩顶沉降有明显差异,表现为复合桩<空心桩+注浆体<空心桩。桩体类型变化下桩基竖向极限承载力变化规律如图 3-56 所示。

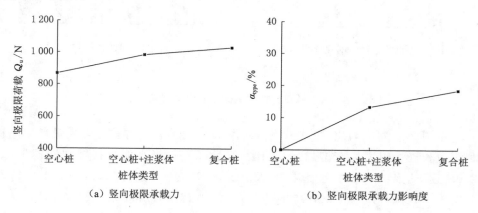

（a）竖向极限承载力　　　　　　　（b）竖向极限承载力影响度

图 3-56　桩体类型变化下的竖向极限承载力变化规律

由图 3-56 可以看出,不同类型桩基竖向承载力差异较大,表现为复合桩＞空心桩＋注浆体＞空心桩。空心桩＋注浆体和复合桩相对于空心桩,竖向极限承载力增幅分别为 13.4％和 18.5％。这是由于注浆体和外围水泥搅拌桩的存在改善了空心桩周土体的物理力学性质,强化了桩-土相互作用,也说明在承载能力方面超大直径空心独立复合桩相比传统的空心桩和空心桩＋注浆体具有明显优势。

3.2.4.2　桩体类型变化下桩身轴力的分布规律

不同桩体类型下的桩身轴力 F 沿埋深的分布规律如图 3-57 所示。

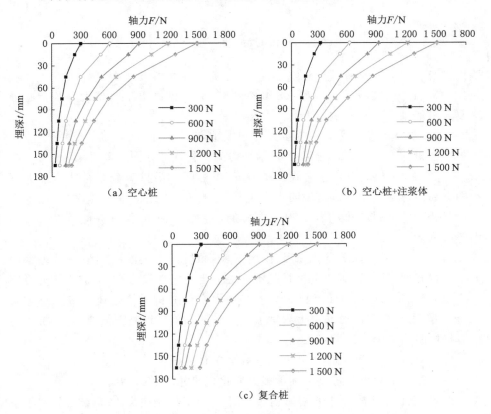

图 3-57　不同桩体类型的桩身轴力分布规律

由图 3-57 可以看出,随着荷载增大,不同类型桩的轴力不断增加,在桩侧阻力的作用下,桩身轴力沿埋深均表现为自上而下逐渐减小。以荷载 900 N 为例,分析桩体类型对超大直径空心独立复合桩轴力 F 的影响,如图 3-58 所示。

由图 3-58 可以看出,相同荷载作用下,桩体类型变化时,在下部 1/2 桩长范

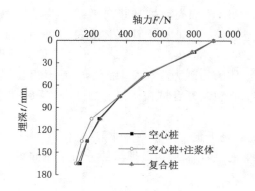

图 3-58　桩体类型对桩身轴力的影响

围内桩身轴力分布略有差异。空心桩、空心桩＋注浆体及水泥搅拌桩在 1/2 桩长处的轴力分别衰减了 66.1％、68.6％和 65.5％，桩体类型对超大直径空心独立复合桩的轴力分布影响不大。

3.2.4.3　桩体类型变化下桩侧阻力的分布规律

不同桩体类型下的桩侧阻力 q_s 沿埋深的变化规律如图 3-59 所示。

由图 3-59 可以看出，相同荷载作用下，桩侧阻力沿桩身分布总体呈上大下小的倒葫芦形或三角形。这说明桩身上部的侧阻力先于下部发挥，即桩侧阻力自上而下逐步发挥。以荷载 900 N 为例，对比三种桩型的桩侧阻力 q_s，如图 3-60所示。

由图 3-60 可以看出，相同荷载作用下，不同桩体类型的桩侧阻力沿埋深的分布规律相似，从地面到 1/2 桩长范围内桩侧阻力发挥较为充分，桩侧阻力峰值均出现在埋深 15～45 mm 内，这与上节轴力变化分析所得规律一致。总体来说，桩侧阻力沿埋深的分布更大程度上取决于更大范围桩侧土体的性质，桩体类型对桩侧阻力的分布影响不大。

3.2.4.4　桩体类型变化下桩基分项承载力变化规律

桩体类型变化下的桩基分项承载力变化规律如图 3-61 所示。

由图 3-61 可以看出，竖向极限荷载作用下，空心桩＋注浆体、复合桩相对于空心桩的桩侧阻力和桩端阻力均有明显增加，但分项承载力比重变化较小。空心桩、空心桩＋注浆体和复合桩的桩侧阻力（及其比重 Q_s/Q_u）分别为 628.3 N（70.3％）、729.4 N（74.1％）和 725.8 N（70.6％），桩侧阻力增加了 15.5％、16.1％，桩端阻力增加了 6.2％、26.1％。这说明注浆体和外围水泥搅拌桩改善了桩周一定范围内的土体，增强了桩-土相互作用。

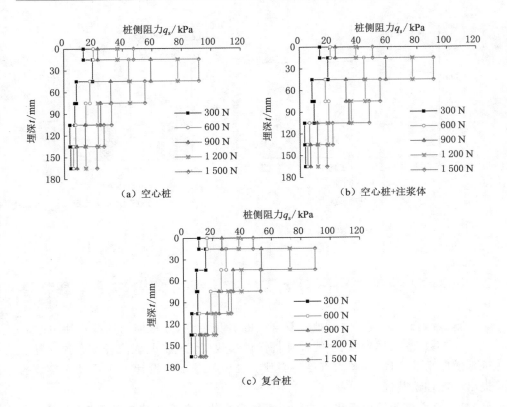

（a）空心桩　　　　　　　　　（b）空心桩+注浆体

（c）复合桩

图 3-59　不同桩型的桩侧阻力变化规律

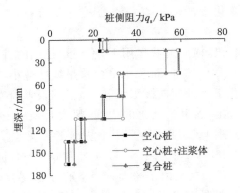

图 3-60　桩体类型变化下的桩侧阻力变化规律

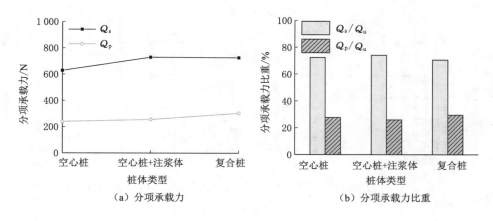

（a）分项承载力　　　　　　　（b）分项承载力比重

图 3-61　桩体类型变化下分项承载力变化规律

3.3　横向荷载作用下超大直径空心独立复合桩基承载特性

本节结合超大直径空心独立复合桩的自身特点，分析横向荷载作用下空心桩设计参数、注浆体参数、水泥搅拌桩设计参数变化时的超大直径空心独立复合桩基横向承载特性，为超大直径空心独立复合桩基础的设计方法及设计参数的提出奠定理论基础。

3.3.1　空心桩长径比变化下的超大直径空心独立复合桩横向承载特性

3.3.1.1　空心桩长径比变化下桩的荷载-位移（H-Y）特性

空心桩长径比变化下的超大直径空心独立复合桩基 H-Y 曲线如图 3-62 所示。

由图 3-62 可以看出，横向荷载作用下，不同长径比的桩基 H-Y 曲线变化规律相似，表现为随长径比的增加，桩顶水平位移呈线性减小，且荷载越大，减幅越大。长径比 L/D 变化下桩基横向极限承载力 H_u 变化规律如图 3-63 所示。

由图 3-63 可以看出，随着长径比的增加，超大直径空心独立复合桩基横向极限承载力在一定范围内显著提高。长径比从 4 逐步增至 12 时，桩基横向极限承载力分别为 54.8 N、62.7 N、65.1 N、65.4 N 和 66.1 N，桩基横向极限承载力增加了 14.5%～20.7%。这是由于超大直径空心独立复合桩的桩径较大，长径比增加时，相比于传统桩具有更大的桩侧受力面积，桩基横向承载力更易发挥。长径比大于 8 后，桩基横向极限承载增幅减小，建议超大直径空心独立复合桩长径比取小于 8。

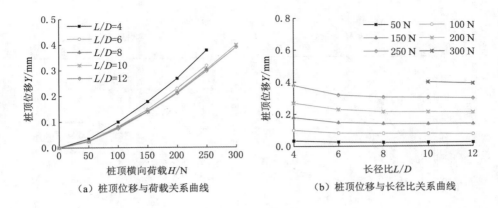

（a）桩顶位移与荷载关系曲线　　　　（b）桩顶位移与长径比关系曲线

图 3-62　长径比变化下的桩基 H-Y 曲线

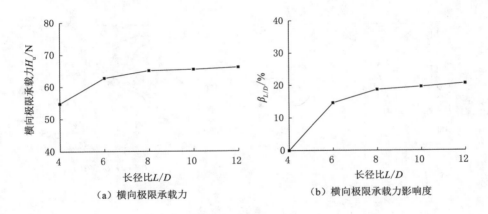

（a）横向极限承载力　　　　（b）横向极限承载力影响度

图 3-63　长径比变化下桩基横向极限承载力变化规律

3.3.1.2　空心桩长径比变化下的桩身弯矩变化规律

　　试验中可直接测得相应深度下的截面应变,因此桩身某一截面的弯矩可通过弹性地基梁假定和胡克定律间接计算得到,将测得的应变值乘以截面抗弯刚度,再除以该截面处应变片与桩轴线的距离,可得到该截面弯矩,即:

$$M_i = \frac{\bar{\varepsilon}_i E_p I_z}{y} \tag{3-7}$$

式中,M_i 为桩身第 i 截面轴力;$\bar{\varepsilon}_i$ 为桩身第 i 截面处两个应变片的应变平均值;$E_p I_z$ 为模型桩截面抗弯刚度;y 为应变片与桩轴线的距离。

　　不同荷载空心桩长径比变化下的桩身弯矩 M 沿埋深的分布规律如图 3-64 所示。

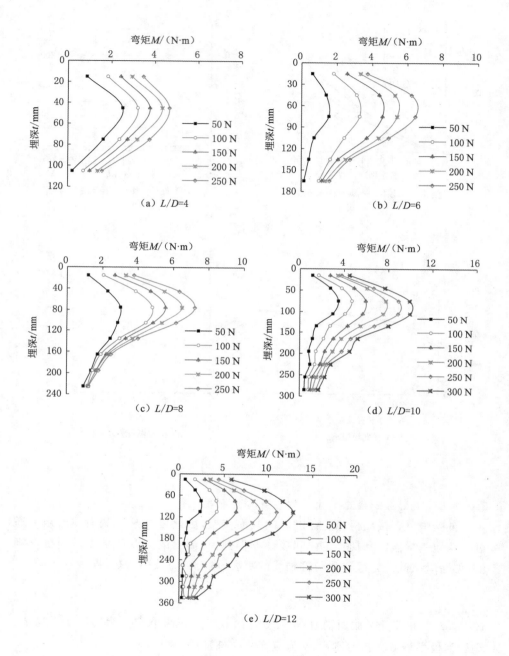

图 3-64　不同长径比的桩身弯矩分布规律

由图 3-64 可以看出，随着荷载增大，不同长径比的桩身弯矩不断增加，桩身弯矩沿埋深均表现为自上而下先增大后减小的变化规律，各桩弯矩都分布在横向力作用点一侧，说明各桩均未发生挠曲变形，只发生弯曲变形。以荷载 150 N 为例，分析长径比 L/D 对超大直径空心独立复合桩弯矩 M 的影响，如图 3-65 所示。

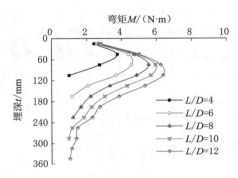

图 3-65　长径比对桩身弯矩的影响

由图 3-65 可以看出，相同荷载作用下，随长径比增加，桩身弯矩逐渐增加，最大弯矩截面位置下移，由 45 mm 逐渐下移至 105 mm，同一长径比下的桩身最大弯矩截面位置一致。$L/D=4$、6、8、10、12 的桩，其桩身最大弯矩（最大弯矩截面相对位置）分别为 3.76 N·m（0.38L）、4.57 N·m（0.38L）、5.55 N·m（0.31L）、5.94 N·m（0.28L）、6.38 N·m（0.29L），分别增加了 21.5%、47.7%、58.0%、69.5%。随长径比增加，弯矩分布特性逐渐由刚性桩向弹性桩转变，桩身下部一定范围的弯矩较小，但桩身下部未出现弯矩零点。长径比变化对最大弯矩及最大弯矩截面位置均有较大影响，但长径比大于 8 后，最大弯矩截面位置几乎不再下移，说明长径比大于 8 后，桩侧岩土体对桩基整体受力贡献增强，且最大弯矩出现在（0.28～0.38）L 范围内，在设计与施工时，应加强该范围内配筋，保证桩基施工后的正常使用。

3.3.1.3　空心桩长径比变化下的桩侧土抗力变化规律

桩侧土抗力由桩的弯曲变形引起，是桩-土相互作用的结果。试验中可直接通过土压力盒测得相应深度下的土抗力，而由于离心机采集系统通道数量限制，土压力盒布置数量偏少，因此为了清晰反映横向荷载下桩侧土抗力变化规律，利用 Winkler 理论计算补充部分土抗力数据。Winkler 非线性地基梁模型描述桩-土相互作用时，土的抗力 p 和桩身弯矩 M 之间有如下关系：

$$p = \frac{\mathrm{d}^2}{\mathrm{d}t^2} M(t) \tag{3-8}$$

式中，$M(t)$ 为桩身弯矩；p 为土层对桩的水平抗力；t 为桩的埋深。

利用式(3-8)求解桩侧土抗力 p 方法较多，如：① 插值法，包括多项式插值法和 3 次样条插值法等；② 积分方程法，假定桩为弹性体，预先假设土抗力 p 为随深度变化的多项式，将式(3-8)的微分形式转化为积分形式，根据最小二乘法由桩身实测弯矩求出多项式的待定系数，该法克服了微分运算的缺点，但是土压力的分布形式是预先假设，合理性需要验证。为克服上述方法缺点，根据加权余量原理计算桩侧土抗力，该原理由 Wilson(威尔逊)等提出，将桩身以应变片为节点分隔为若干单位。设 $M(t)$ 为沿桩身分布的弯矩函数，$M(t)$ 在节点处的值可直接测得；令 $g(t) \approx M'(t)$，$g(t)$ 为沿桩身分布的剪力函数。根据加权余量法有：

$$\int \{g(t) - M'(t)\} \cdot \psi(t) \mathrm{d}t = 0 \tag{3-9}$$

式中，$\psi(t)$ 为权函数，即分段线性插值法的基函数，即：

$$\psi_0(t) = \begin{cases} \dfrac{t - t_1}{t_0 - t_1}, & t_0 \leqslant t \leqslant t_1 \\ 0, & t_1 \leqslant t \leqslant t_n \end{cases} \tag{3-10}$$

$$\psi_i(t) = \begin{cases} \dfrac{t - t_{i-1}}{t_i - t_{i-1}}, & t_{i-1} \leqslant t \leqslant t_i \\ \dfrac{t - t_{j+1}}{t_i - t_{i+1}}, & t_i \leqslant t \leqslant t_{i+1} \quad (i = 1, 2, \cdots, n-1) \\ 0, & [t_0, t_n] \sim [t_{i-1}, t_{i+1}] \end{cases} \tag{3-11}$$

$$\psi_n(t) = \begin{cases} \dfrac{t - t_{n-1}}{t_0 - t_1}, & t_{n-1} \leqslant t \leqslant t_n \\ 0, & t_0 \leqslant t \leqslant t_{n-1} \end{cases} \tag{3-12}$$

因此，$M(t)$ 和 $g(t)$ 可以表示为：

$$M(t) = \sum_{i=0}^{n} M_i \cdot \psi_i(t) \tag{3-13}$$

$$g(t) = \sum_{i=0}^{n} g_i \cdot \psi_i(t) \tag{3-14}$$

式中，i 为节点号，自上而下从 0 编号；M_i 为节点 i 处的实测弯矩；g_i 为节点 i 处的未知剪力。

对于不同的节点，取其相应的权函数，由式(3-9)可以得到：

第 0 节点：

$$(t - t_0)(g_1 + 2g_0) = 3(M_1 - M_0) \tag{3-15}$$

第 i 节点：

$$(t_i - t_{i-1})t_{i-1} + 2(t_{i+1} - t_{i-1})g_i + (t_{i+1} - t_i)g_{i+1} = 3(M_{i+1} - M_{i-1})$$
$$(3\text{-}16)$$

第 n 节点：

$$(t_n - t_{n-1})(2g_n + g_{n-1}) = 3(M_n - M_{n-1}) \tag{3-17}$$

求解以上线性方程组后可得到各节点处剪力。同样的，剪力分布也是分段的线性函数，再次利用上述原理，求得分段线性分布的土抗力函数 $p(t)$。在各单元上利用内插法，可得到桩身任意深度的桩侧土抗力。该法可直接根据弯矩得到分段线性分布的抗力函数，不需要做任何假设，且避开了微分运算。得到的不同长径比下桩侧土抗力 p 沿埋深的变化规律如图 3-66 所示。

由图 3-66 可以看出，随着荷载增大，桩侧土抗力呈增加规律，但桩侧土抗力的分布规律基本不变。当荷载一定时，桩侧土抗力沿埋深均呈先增加后波动减小，约在桩身上部 1/3 处达到最大值，之后逐渐衰减，在桩身下部出现土抗力零点，说明桩身出现反弯变形，且长径比越大，桩侧土抗力在"0"附近振荡越明显，出现多个抗力零点。以荷载 150 N 为例，分析长径比 L/D 对超大直径空心独立复合桩桩侧土抗力 p 的影响，如图 3-67 所示。

由图 3-67 可以看出，相同荷载作用下，随长径比增加，桩侧土抗力逐渐减小，最大桩侧土抗力截面位置下移，由 45 mm 逐渐下移至 105 mm。$L/D=4$、6、8、10、12 的桩，其桩身最大桩侧土抗力（最大桩侧土抗力截面相对位置）分别为 2.26 kN/m（0.38L）、1.56 kN/m（0.38L）、1.88 kN/m（0.31L）、1.64 kN/m（0.28L）、1.36 kN/m（0.29L），分别减小了 31.0%、17.0%、27.3%、40.0%。随长径比增大，桩侧土抗力分布特性逐渐由刚性桩向弹性桩转变，土抗力零点位置下移，这与桩身弯矩变化相对应。长径比变化对最大桩侧土抗力及其出现位置均有影响，但长径比大于 8 后，最大桩侧土抗力截面位置变化较小。这说明长径比大于 8 后，桩周土体对桩基整体受力贡献增强，且最大桩侧土抗力出现在（0.28~0.38）L 范围内，表明桩的横向承载能力主要受上部土层物理力学性质控制。

3.3.2　桩侧注浆参数变化下的超大直径空心独立复合桩横向承载特性

3.3.2.1　注浆体深度变化下的超大直径空心独立复合桩基横向承载特性

（1）注浆体深度变化下桩的荷载-位移（H-Y）特性

注浆体深度变化下的超大直径空心独立复合桩基 H-Y 曲线如图 3-68 所示。

由图 3-68 可以看出，横向荷载作用下，不同注浆体深度的桩基 H-Y 曲线变化规律相似，表现为随注浆体深度的增加，桩顶水平位移基本呈线性减小，横向承载力均呈逐渐增大趋势。注浆体深度 L_1 变化下桩基横向极限承载力 H_u 变化规律如图 3-69 所示。

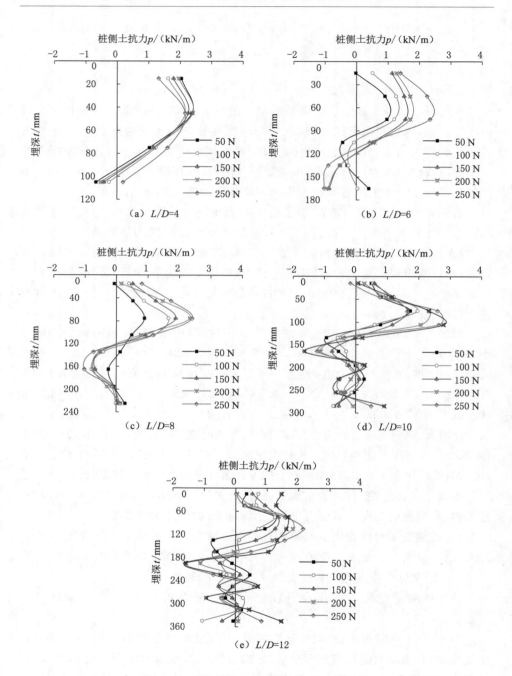

图 3-66 不同长径比的桩侧土抗力分布规律

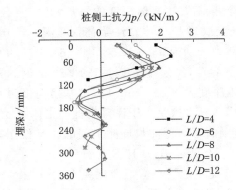

图 3-67　长径比对桩侧土抗力的影响

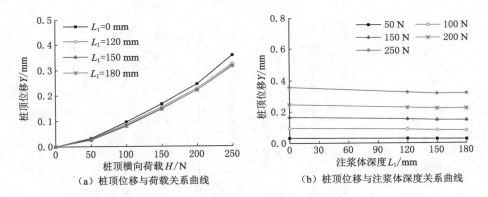

（a）桩顶位移与荷载关系曲线　　　　（b）桩顶位移与注浆体深度关系曲线

图 3-68　注浆体深度变化下的桩基 H-Y 曲线

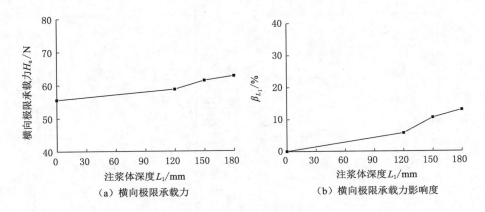

（a）横向极限承载力　　　　　　　（b）横向极限承载力影响度

图 3-69　注浆体深度变化下桩基横向极限承载力变化规律

由图 3-69 可以看出,随着注浆体深度的增加,超大直径空心独立复合桩基横向极限承载力呈分段式增长规律。注浆体深度从 0 mm 逐步增至 180 mm 时,桩基横向极限承载力分别为 55.6 N、58.8 N、61.4 N 和 62.7 N,注浆体深度 120 mm 是一个明显分界点,注浆体深度小于 120 mm 时,桩基横向极限承载力增幅为 5.8%;注浆体深度大于 120 mm 后,桩基横向极限承载力明显提高,增幅分别为 10.6% 和 12.9%。这是由于注浆后桩周土体强度和硬度增加,注浆体深度的增加在一定范围内可强化桩与桩侧土间的相互作用,提高地基土水平抗力,建议注浆体深度 L_1 取 $(5/6 \sim 1)L$ 且不小于 L_2。

（2）注浆体深度变化下的桩身弯矩变化规律

不同荷载下注浆体深度变化下的桩身弯矩 M 沿埋深的分布规律如图 3-70 所示。

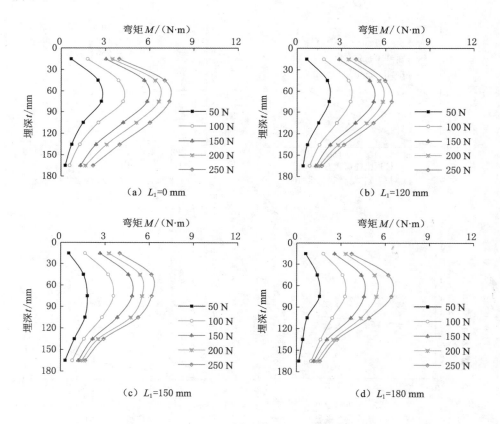

图 3-70　不同注浆体深度的桩身弯矩分布规律

由图 3-70 可以看出,随荷载增大,不同注浆体深度的桩身弯矩不断增加,桩身弯矩沿埋深均表现为自上而下先增大后减小的变化规律,各桩弯矩都分布在横向力作用点一侧,说明各桩均未发生挠曲变形,只发生弯曲变形,桩身下部未出现弯矩零点。以荷载 150 N 为例,分析注浆体深度 L_1 对超大直径空心独立复合桩弯矩 M 的影响,如图 3-71 所示。

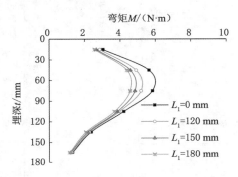

图 3-71　注浆体深度对桩身弯矩的影响

由图 3-71 可以看出,相同荷载作用下,随注浆体深度增加,桩身弯矩逐渐减小,最大弯矩截面位置在 60 mm(0.33L)附近保持不变。注浆体深度从 0 mm 逐步增至 180 mm 时,桩身最大弯矩分别为 5.83 N・m、5.20 N・m、4.85 N・m 和 4.57 N・m,分别减小了 11.0%、16.8% 和 21.7%。注浆体深度变化对最大弯矩影响较大,当注浆体深度大于 150 mm 后,这种影响略有减小。这说明随注浆体深度增加,更大范围的桩周土体物理力学性质被改善,同级荷载作用下,桩身变形量减小,桩身弯矩相应减小。

（3）注浆体深度变化下的桩侧土抗力变化规律

不同长径比下桩侧土抗力 p 沿埋深的变化规律如图 3-72 所示。

由图 3-72 可以看出,随着荷载增大,不同注浆体深度的桩侧土抗力不断增加,桩侧土抗力沿埋深均表现为自上而下先增大后减小,在地面以下 90～120 mm 附近出现土抗力零值,继续向下土抗力反向增加,说明在地面以下 90～120 mm 附近桩身出现反弯变形。以荷载 150 N 为例,分析注浆体深度 L_1 对超大直径空心独立复合桩的桩侧土抗力 p 的影响,如图 3-73 所示。

由图 3-73 可以看出,相同荷载作用下,随注浆体深度增加,桩侧土抗力逐渐减小,抗力零点出现在 120 mm 附近且有下移趋势,最大桩侧土抗力截面位置在 60 mm(0.33L)附近。桩顶横向荷载为 150 N,注浆体深度从 0 mm 逐步增至 180 mm 时,最大桩侧土抗力分别为 2.48 kN/m、1.96 kN/m、1.74 kN/m 和

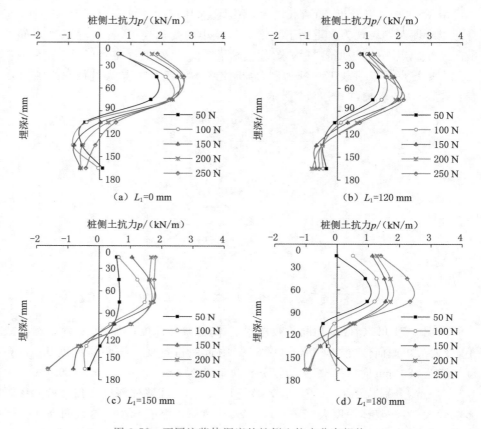

图 3-72　不同注浆体深度的桩侧土抗力分布规律

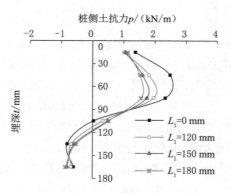

图 3-73　注浆体深度对桩侧土抗力的影响

1.56 kN/m,分别减小了 21.0%、29.8% 和 37.2%。注浆体深度变化对最大桩侧土抗力影响较大,说明随注浆体深度增加,更深范围的桩周土体物理力学性质被改善,加之抗力零点有下移趋势,更进一步说明桩周土体对桩基整体受力贡献增强,同级荷载作用下,桩身变形量减小,桩侧土抗力相应减小。

3.3.2.2　注浆体厚度变化下的超大直径空心独立复合桩基横向承载特性

（1）注浆体厚度变化下桩的荷载-位移（H-Y）特性

注浆体厚度变化下的超大直径空心独立复合桩基 H-Y 曲线如图 3-74 所示。

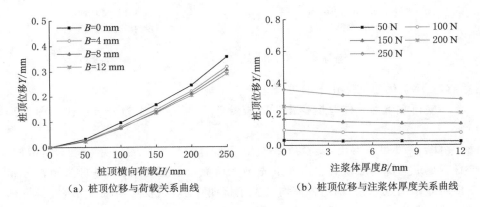

（a）桩顶位移与荷载关系曲线　　　　　（b）桩顶位移与注浆体厚度关系曲线

图 3-74　注浆体厚度变化下的桩基 H-Y 曲线

由图 3-74 可以看出,横向荷载作用下,不同注浆体厚度的桩基 H-Y 曲线变化规律相似,表现为随注浆体厚度的增加,桩顶水平位移逐渐减小,当注浆体厚度大于 8 mm 后,桩顶位移减小速度变缓,横向承载力均呈逐渐增大趋势。注浆体厚度 B 变化下桩基横向极限承载力 H_u 变化规律如图 3-75 所示。

由图 3-75 可以看出,随注浆体厚度的增加,超大直径空心独立复合桩基横向极限承载力呈逐渐增长规律。注浆体厚度从 0 mm 逐步增至 12 mm 时,桩基横向极限承载力分别为 55.6 N、62.7 N、64.8 N 和 66.0 N,增幅为 12.9%、16.7% 和 18.9%,注浆体厚度大于 8 mm 后,对桩基横向极限承载力提高作用减弱。这是由于注浆厚度的增加,使得桩周更大范围土体的强度和硬度增加,强化了桩与桩侧土间的相互作用,提高了地基土水平抗力。但由于荷载沿径向扩散,当注浆体深度超过一定范围后,此时虽然注浆体对桩基横向极限承载力有提高作用,但超出该范围外的土体所产生的变位较小,因此提供的地基土水平抗力有限,建议超大直径空心独立复合桩基础的注浆体厚度取 4～8 mm,即注浆体厚度 B 宜取 (2/15～4/15)D。

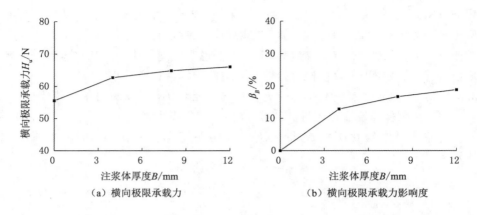

（a）横向极限承载力　　　　　　　　（b）横向极限承载力影响度

图 3-75　注浆体厚度变化下桩基横向极限承载力变化规律

（2）注浆体厚度变化下的桩身弯矩变化规律

不同荷载下注浆体厚度变化下的桩身弯矩 M 沿埋深的分布规律如图 3-76 所示。

由图 3-76 可以看出，随着荷载增大，不同注浆体厚度的桩身弯矩不断增加，桩身弯矩沿埋深均表现为自上而下先增大后减小的变化规律，各桩弯矩都分布在横向力作用点一侧，说明各桩均未发生挠曲变形，只发生弯曲变形，桩身下部未出现弯矩零点。以荷载 150 N 为例，分析注浆体厚度 B 对超大直径空心独立复合桩弯矩 M 的影响，如图 3-77 所示。

由图 3-77 可以看出，相同荷载作用下，随注浆体厚度增加，桩身弯矩逐渐减小，最大弯矩截面位置在 60 mm（0.33L）附近。桩顶横向荷载为 150 N，注浆体厚度从 0 mm 逐步增至 12 mm 时，桩身最大弯矩分别为 5.83 N·m、4.57 N·m、4.11 N·m 和 3.76 N·m，分别减小了 21.7%、29.6% 和 35.5%。注浆体厚度变化对最大弯矩影响较大，当注浆体厚度大于 8 mm 后，这种影响略有减小。这说明随注浆体厚度增加，更大范围的桩周土体物理力学性质被改善，同级荷载作用下，桩身变形量减小，桩身弯矩相应减小。

（3）注浆体厚度变化下的桩侧土抗力变化规律

不同注浆体厚度下桩侧土抗力 p 沿埋深的变化规律如图 3-78 所示。

由图 3-78 可以看出，桩侧土抗力分布规律与注浆体深度变化时相似，随着荷载增大，不同注浆体厚度的桩侧土抗力不断增加，桩侧土抗力沿埋深均呈先增大后减小的变化规律，在地面以下 90～120 mm 附近出现土抗力零值，继续向下土抗力反向增加，说明在地面以下 90～120 mm 附近桩身出现反弯变形。以荷载 150 N 为例，分析注浆体厚度 B 对超大直径空心独立复合桩的桩侧土抗力 p

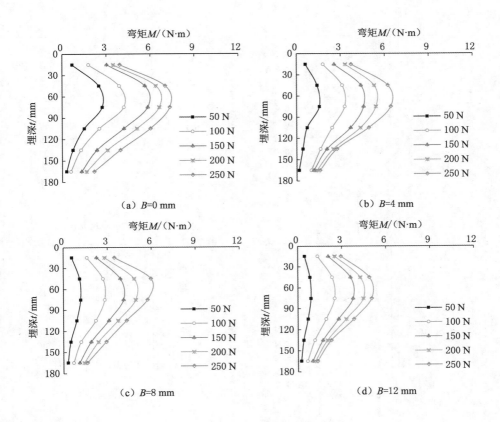

图 3-76　不同注浆体厚度的桩身弯矩分布规律

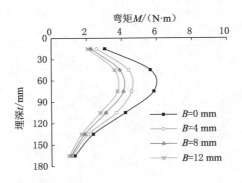

图 3-77　注浆体厚度对桩身弯矩的影响

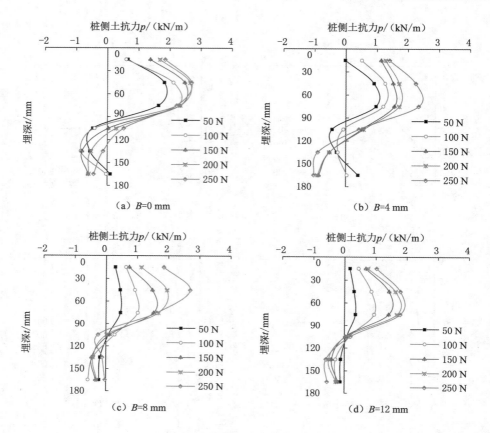

图 3-78　不同注浆体厚度下的桩侧土抗力分布规律

的影响，如图 3-79 所示。

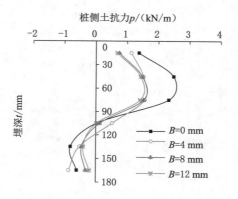

图 3-79　注浆体厚度对桩侧土抗力的影响

由图 3-79 可以看出,相同荷载作用下,随注浆体厚度增加,桩侧土抗力逐渐减小,抗力零点出现在 105 mm 附近,最大桩侧土抗力截面位置在 60 mm($0.33L$)附近。注浆体厚度从 0 mm 逐步增至 12 mm 时,最大桩侧土抗力分别为 2.48 kN/m、1.56 kN/m、1.53 kN/m 和 1.43 kN/m,分别减小了 37.2%、38.5% 和 42.4%。当注浆体厚度大于 4 mm 后,注浆体厚度变化对最大桩侧土抗力的影响减小。这说明注浆体厚度的增加能在一定范围内改善桩周土体物理力学性质,相当于桩的等效计算宽度增加,桩顶横向荷载由更大范围内的土体承担,即应力发生扩散。同级荷载作用下,桩身变形量减小,桩侧土抗力相应减小。

3.3.2.3　注浆体弹性模量变化下的超大直径空心独立复合桩基横向承载特性

（1）注浆体弹性模量变化下桩的荷载-位移（H-Y）特性

注浆体弹性模量变化下的超大直径空心独立复合桩基 H-Y 曲线如图 3-80 所示。

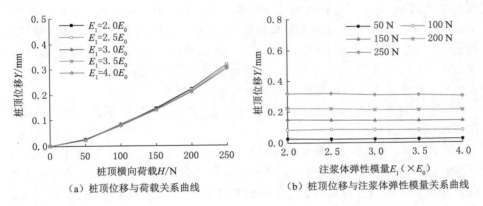

（a）桩顶位移与荷载关系曲线　　　（b）桩顶位移与注浆体弹性模量关系曲线

图 3-80　注浆体弹性模量变化下的桩基 H-Y 曲线

由图 3-80 可以看出,横向荷载作用下,不同注浆体弹性模量的桩基 H-Y 曲线变化规律相似,表现为随注浆体弹性模量的增加,桩顶水平位移逐渐减小,当注浆体弹性模量大于 $3.0E_0$ 后,桩顶位移减小速度变缓,横向承载力均呈逐渐增大趋势。注浆体弹性模量 E_1 变化下桩基横向极限承载力 H_u 变化规律如图 3-81 所示。

由图 3-81 可以看出,随着注浆体弹性模量的增加,超大直径空心独立复合桩基横向极限承载力呈逐渐增长规律。注浆体弹性模量从 $2E_0$ 逐步增至 $4E_0$ 时,桩基横向极限承载力分别为 62.7 N、63.9 N、64.7 N、65.1 N 和 65.3 N,增幅分别为 1.9%、3.2%、3.8% 和 4.1%,当注浆体弹性模量大于 $3.0E_0$ 后,桩基横向极限承载力的增幅变缓。这是由于注浆体弹性模量的增加,虽然注浆体抗

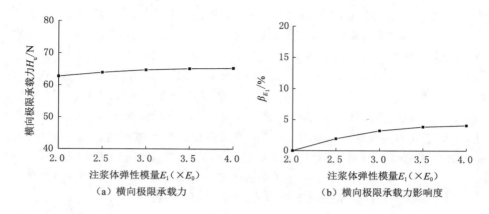

（a）横向极限承载力　　　　　　　　（b）横向极限承载力影响度

图 3-81　注浆体弹性模量变化下桩基横向极限承载力变化规律

变形能力增加,但水泥搅拌桩基外侧土体的弹性模量并未随之增加,即此时对超大直径空心独立复合桩承载力影响作用较大的是相对薄弱的水泥搅拌桩及其外侧土体,注浆体弹性模量达到一定范围后,横向极限承载力的增长速度减缓,建议超大直径空心独立复合桩基础的注浆体弹性模量取$(3.0 \sim 3.5)E_0$。

（2）注浆体弹性模量变化下的桩身弯矩变化规律

不同荷载下注浆体弹性模量变化下的桩身弯矩 M 沿埋深的分布规律如图 3-82 所示。

由图 3-82 可以看出,随着荷载增大,不同注浆体弹性模量的桩身弯矩不断增加,桩身弯矩沿埋深均表现为先增大后减小的变化规律,各桩弯矩都分布在横向力作用点一侧。这说明各桩均未发生挠曲变形,只发生弯曲变形,桩身下部未出现弯矩零点。以荷载 150 N 为例,分析注浆体弹性模量 E_1 对超大直径空心独立复合桩弯矩 M 的影响,如图 3-83 所示。

由图 3-83 可以看出,相同荷载作用下,随注浆体弹性模量增加,桩身弯矩逐渐减小,最大弯矩截面位置在 60 mm($0.33L$)附近。注浆体弹性模量从 $2E_0$ 逐步增至 $4E_0$ 时,桩身最大弯矩分别为 5.65 N・m、5.26 N・m、4.89 N・m、4.69 N・m 和 4.57 N・m,分别减小了 6.9%、13.5%、17.1% 和 19.2%。注浆体弹性模量变化对最大弯矩影响较大,当注浆体弹性模量大于 $3E_0$ 后影响减弱。这说明随注浆体弹性模量增加,一定范围内桩周土体物理力学性质被明显改善,但由于荷载沿径向扩散,土体承受荷载减小,最大弯矩的变幅趋缓,同级荷载作用下,桩身变形量减小,桩身弯矩相应减小。

（3）注浆体弹性模量变化下的桩侧土抗力变化规律

不同注浆体弹性模量下桩侧土抗力 p 沿埋深的变化规律如图 3-84 所示。

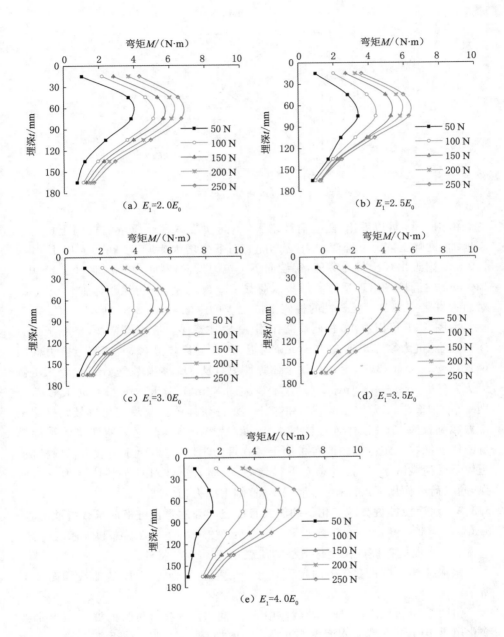

图 3-82　不同注浆体弹性模量的桩身弯矩分布规律

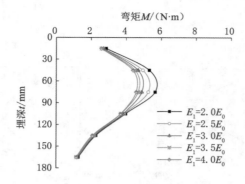

图 3-83　注浆体弹性模量对桩身弯矩的影响

由图 3-84 可以看出,随着荷载增大,不同注浆体弹性模量的桩侧土抗力不断增加,桩侧土抗力沿埋深均表现为自上而下先增大后减小,在地面以下 90～130 mm 附近出现土抗力零值,继续向下土抗力反向增加,说明在地面以下 90～130 mm 附近桩身出现反弯变形。以荷载 150 N 为例,分析注浆体弹性模量 E_1 对超大直径空心独立复合桩的桩侧土抗力 p 的影响,如图 3-85 所示。

由图 3-85 可以看出,相同荷载作用下,随注浆体弹性模量增加,桩侧土抗力逐渐减小,抗力零点出现在 105 mm 附近,且有下移趋势,最大桩侧土抗力截面位置在 60 mm($0.33L$)附近。注浆体弹性模量从 $2E_0$ 逐步增至 $4E_0$ 时,最大桩侧土抗力分别为 2.42 kN/m、2.12 kN/m、1.75 kN/m、1.67 kN/m 和 1.56 kN/m,分别减小了 12.5%、27.5%、30.8%和 35.5%。注浆体弹性模量变化对最大桩侧土抗力影响较大,当注浆体弹性模量大于 $3E_0$ 后影响减弱。这说明注浆体弹性模量的增加能在一定范围内改善桩周土体物理力学性质,但由于荷载沿径向扩散,土体承受荷载减小,抗力零点有下移趋势,桩周岩土体对桩基整体受力贡献增强,同级荷载作用下,桩身变形量减小,桩侧土抗力相应减小。

3.3.3　水泥搅拌桩参数变化下的超大直径空心独立复合桩横向承载特性

3.3.3.1　水泥搅拌桩桩长变化下的超大直径空心独立复合桩基横向承载特性

（1）水泥搅拌桩桩长变化下桩的荷载-位移（H-Y）特性

水泥搅拌桩桩长变化下的超大直径空心独立复合桩基 H-Y 曲线如图 3-86 所示。

由图 3-86 可以看出,横向荷载作用下,不同水泥搅拌桩桩长的桩基 H-Y 曲线变化规律相似,表现为随水泥搅拌桩桩长的增加,桩顶水平位移逐渐减小,当水泥搅拌桩桩长大于 120 mm 后,桩顶位移减幅明显下降,横向承载力均呈逐渐增大趋势。水泥搅拌桩桩长 L_2 变化下桩基横向极限承载力 H_u 变化规律如图 3-87 所示。

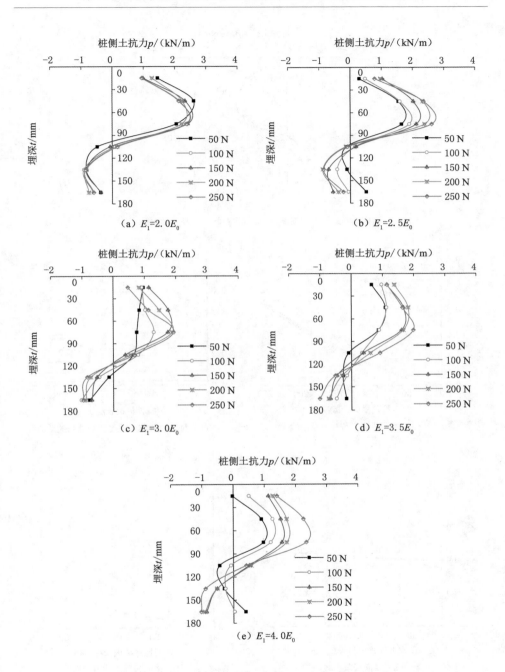

图 3-84　不同注浆体弹性模量下的桩侧土抗力分布规律

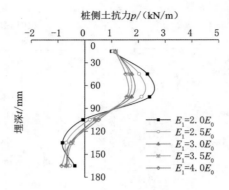

图 3-85　注浆体弹性模量对桩侧土抗力的影响

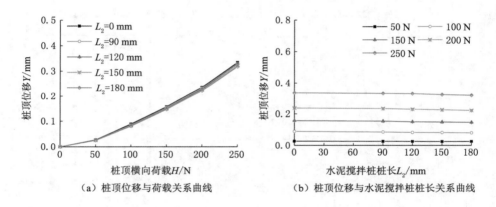

（a）桩顶位移与荷载关系曲线　　　　（b）桩顶位移与水泥搅拌桩桩长关系曲线

图 3-86　水泥搅拌桩桩长变化下的桩基 $H\text{-}Y$ 曲线

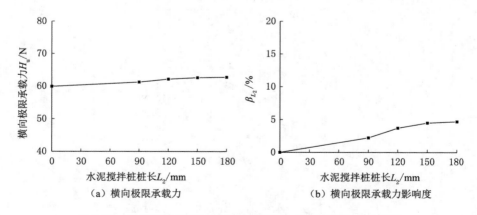

（a）横向极限承载力　　　　　　（b）横向极限承载力影响度

图 3-87　水泥搅拌桩桩长变化下桩基横向极限承载力变化规律

由图 3-87 可以看出,随着水泥搅拌桩桩长的增加,超大直径空心独立复合桩基横向极限承载力呈分段式增长规律。水泥搅拌桩桩长从 0 mm 逐步增至 180 mm 时,桩基横向极限承载力分别为 59.9 N、61.2 N、62.1 N、62.6 N 和 62.7 N,水泥搅拌桩桩长 90 mm 是一个明显分界点,桩基横向极限承载力增幅分别为2.2%、3.7%、4.5% 和 4.7%。这是由于水泥搅拌桩桩长的增加改善了空心桩与注浆体外围一定深度的桩周土体强度和硬度,强化了桩与桩侧土间的相互作用,提高了地基土水平抗力。但是由于桩身下部变位小于中上部变位,深部桩周土对水平抗力贡献较小,加之荷载的径向扩散,故继续增加水泥搅拌桩桩长对提高桩基横向承载力的作用减弱,建议水泥搅拌桩桩长 L_2 取$(2/3\sim5/6)L$。

（2）水泥搅拌桩桩长变化下的桩身弯矩变化规律

不同荷载下水泥搅拌桩桩长变化下的桩身弯矩 M 沿埋深的分布规律如图 3-88 所示。

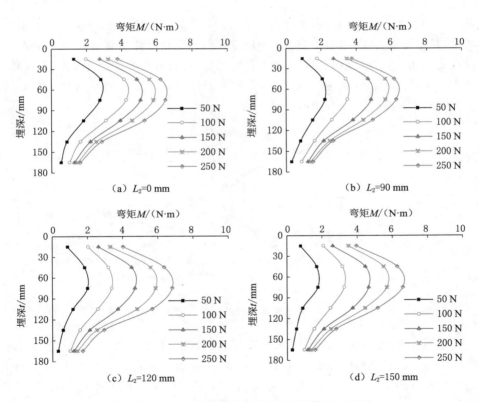

图 3-88　不同水泥搅拌桩桩长的桩身弯矩分布规律

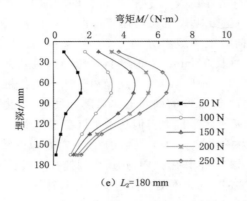

（e）L_2=180 mm

图 3-88 （续）

由图 3-88 可以看出，随着荷载增大，不同水泥搅拌桩桩长的桩身弯矩不断增加，桩身弯矩沿埋深均表现为先增大后减小的变化规律。各桩弯矩都分布在横向力作用点一侧，说明各桩均未发生挠曲变形，只发生弯曲变形，桩身下部未出现弯矩零点。以荷载 150 N 为例，分析水泥搅拌桩桩长 L_2 对超大直径空心独立复合桩弯矩 M 的影响，如图 3-89 所示。

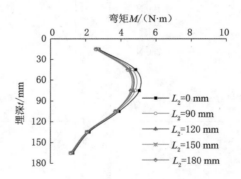

图 3-89　水泥搅拌桩桩长对桩身弯矩的影响

由图 3-89 可以看出，相同荷载作用下，随水泥搅拌桩桩长增加，桩身弯矩逐渐减小，最大弯矩截面位置在 60 mm（0.33L）附近。水泥搅拌桩桩长从 0 mm 逐步增至 180 mm 时，桩身最大弯矩分别为 5.05 N·m、4.83 N·m、4.68 N·m、4.64 N·m 和 4.57 N·m，分别减小了 4.5%、7.3%、8.2% 和 9.5%。水泥搅拌桩桩长变化对最大弯矩影响较大，当水泥搅拌桩桩长大于 120 mm 后，这种影响明显减小,说明随水泥搅拌桩桩长增加到一定程度后,更深范围的桩周土体物理力学性质改善对桩身弯矩的影响减小,同级荷载作用下,桩身变形量减小,桩身弯矩相应减小。

(3) 水泥搅拌桩桩长变化下的桩侧土抗力变化规律

不同水泥搅拌桩桩长下的桩侧土抗力 p 沿埋深的变化规律如图 3-90 所示。

由图 3-90 可以看出,随着荷载增大,不同水泥搅拌桩桩长的桩侧土抗力不断增加,桩侧土抗力沿埋深均呈先增大后减小,在地面以下 90~120 mm 附近出现土抗力零值,继续向下土抗力反向增加,说明在地面以下 90~120 mm 附近桩身出现反弯变形。以荷载 150 N 为例,分析水泥搅拌桩桩长 L_2 对超大直径空心独立复合桩的桩侧土抗力 p 的影响,如图 3-91 所示。

由图 3-91 可以看出,相同荷载作用下,随水泥搅拌桩桩长增加,桩侧土抗力逐渐减小,抗力零点出现在 120 mm 附近,最大桩侧土抗力截面位置在 60 mm ($0.33L$)附近。水泥搅拌桩桩长从 0 mm 逐步增至 180 mm 时,最大桩侧土抗力分别为 1.86 kN/m、1.71 kN/m、1.63 kN/m、1.60 kN/m 和 1.56 kN/m,分别减小了 7.9%、12.1%、13.7% 和 16.1%。水泥搅拌桩桩长变化对最大桩侧土抗力影响相对较小,说明水泥搅拌桩桩长的增加能在一定范围内改善桩周土体物理力学性质,但水泥搅拌桩与空心桩之间的注浆体强度并未提高,水泥搅拌桩桩长增加对桩-土相互作用的提高程度有限。

3.3.3.2　水泥搅拌桩弹性模量变化下的超大直径空心独立复合桩基横向承载特性

(1) 水泥搅拌桩弹性模量变化下桩的荷载-位移(H-Y)特性

水泥搅拌桩弹性模量变化下的超大直径空心独立复合桩基 H-Y 曲线如图 3-92 所示。

由图 3-92 可以看出,横向荷载作用下,不同水泥搅拌桩弹性模量的桩基 H-Y 曲线变化规律相似,表现为随水泥搅拌桩弹性模量的增加,桩顶水平位移逐渐减小,当水泥搅拌桩弹性模量大于 $2.5E_0$ 后,桩顶位移减幅明显下降,桩基横向承载力均呈逐渐增大趋势。水泥搅拌桩弹性模量 E_2 变化下桩基横向极限承载力 H_u 变化规律如图 3-93 所示。

由图 3-93 可以看出,随着水泥搅拌桩弹性模量的增加,超大直径空心独立复合桩基横向极限承载力呈逐渐增长规律。水泥搅拌桩弹性模量从 $2.0E_0$ 逐步增至 $4.0E_0$ 时,桩基横向极限承载力分别为 62.7 N、63.5 N、63.9 N、64.1 N 和 64.2 N,增幅分别为 1.3%、1.9%、2.2% 和 2.4%。水泥搅拌桩弹性模量的增加对桩基横向承载力影响较小,这是由于注浆体和水泥搅拌桩外侧土体的模量并未随之增加,此时对复合桩承载力起影响作用的是相对薄弱的注浆体和水泥搅拌桩外侧土体。建议水泥搅拌桩弹性模量取$(3.0\sim3.5)E_0$。

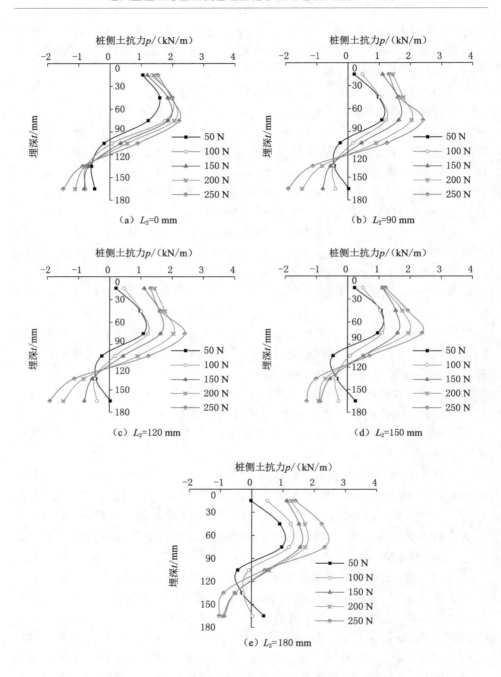

图 3-90　不同水泥搅拌桩桩长下的桩侧土抗力分布规律

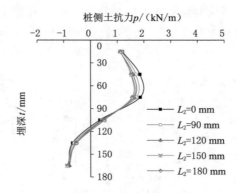

图 3-91 水泥搅拌桩桩长对桩侧土抗力的影响

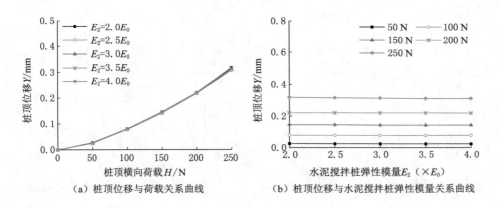

（a）桩顶位移与荷载关系曲线

（b）桩顶位移与水泥搅拌桩弹性模量关系曲线

图 3-92 水泥搅拌桩弹性模量变化下的桩基 H-Y 曲线

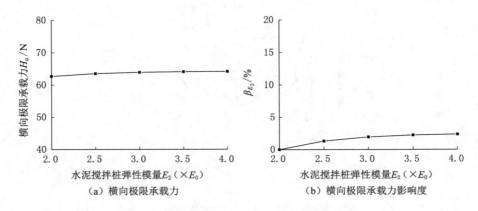

（a）横向极限承载力

（b）横向极限承载力影响度

图 3-93 水泥搅拌桩弹性模量变化下桩基横向极限承载力变化规律

（2）水泥搅拌桩弹性模量变化下的桩身弯矩变化规律

不同水泥搅拌桩弹性模量变化下的桩身弯矩 M 沿埋深的分布规律如图 3-94 所示。

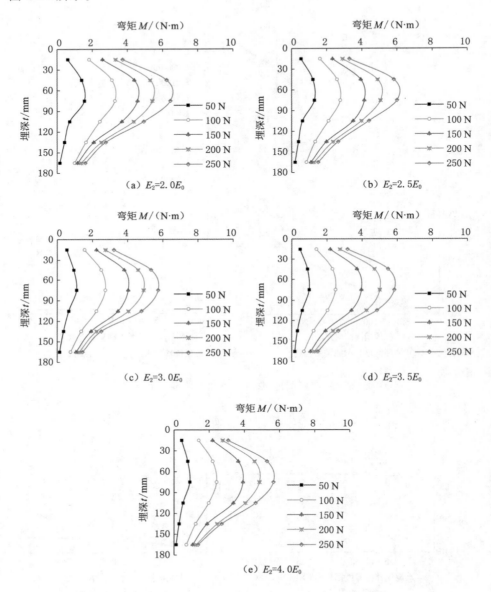

图 3-94　不同水泥搅拌桩弹性模量变化下的桩身弯矩分布规律

由图 3-94 可以看出,随着荷载增大,桩身弯矩不断增加,桩身弯矩沿埋深均表现为先增大后减小的变化规律,各桩弯矩都分布在横向力作用点一侧,说明各桩均未发生挠曲变形,只发生弯曲变形,桩身下部未出现弯矩零点。以荷载 150 N 为例,分析水泥搅拌桩弹性模量 E_2 对超大直径空心独立复合桩弯矩 M 的影响,如图 3-95 所示。

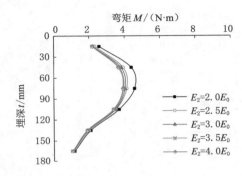

图 3-95　水泥搅拌桩弹性模量对桩身弯矩的影响

由图 3-95 可以看出,相同荷载作用下,随水泥搅拌桩弹性模量增加,桩身弯矩逐渐减小,最大弯矩截面位置在 60 mm$(0.33L)$附近。水泥搅拌桩弹性模量从 $2.0E_0$ 逐步增至 $4.0E_0$ 时,桩身最大弯矩分别为 4.57 N・m、4.13 N・m、4.03 N・m、3.96 N・m 和 3.91 N・m,分别减小了 9.6%、11.8%、13.4% 和 14.4%。水泥搅拌桩弹性模量变化对最大弯矩影响较大,当水泥搅拌桩弹性模量大于 $2.5E_0$ 后,该影响减弱,说明随水泥搅拌桩弹性模量增加,一定范围桩侧土体物理力学性质被明显改善。但由于荷载沿径向扩散,土体承受荷载减小,最大弯矩的变幅趋缓,同级荷载作用下,桩身变形量减小,桩身弯矩相应减小。

（3）水泥搅拌桩弹性模量变化下的桩侧土抗力变化规律

不同水泥搅拌桩弹性模量变化下的桩侧土抗力 p 沿埋深的变化规律如图 3-96 所示。

由图 3-96 可以看出,随着荷载增大,不同水泥搅拌桩弹性模量的桩侧土抗力不断增加,桩侧土抗力沿埋深均呈先增大后减小,在地面以下 90~120 mm 附近出现土抗力零值,继续向下土抗力反向增加,说明在地面以下 90~120 mm 附近桩身出现反弯变形。以荷载 150 N 为例,分析水泥搅拌桩弹性模量 E_2 对超大直径空心独立复合桩的桩侧土抗力 p 的影响,如图 3-97 所示。

由图 3-97 可以看出,相同荷载作用下,随水泥搅拌桩弹性模量增加,桩侧土抗力逐渐减小,抗力零点出现在 120 mm 附近,且略有下移,最大桩侧土抗力出

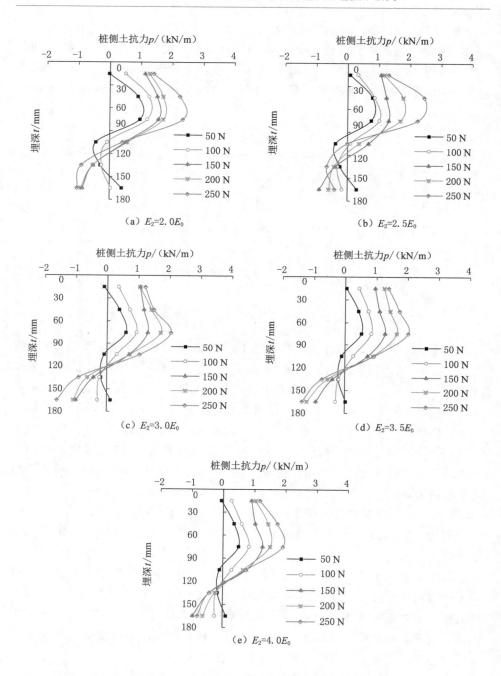

图 3-96　不同水泥搅拌桩弹性模量下的桩侧土抗力分布规律

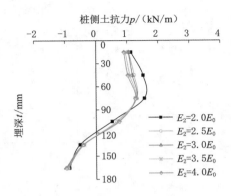

图 3-97　水泥搅拌桩弹性模量对桩侧土抗力的影响

现在 65 mm(0.36L)附近。水泥搅拌桩弹性模量从 $2E_0$ 逐步增至 $4E_0$ 时,最大桩侧土抗力分别为 1.56 kN/m、1.31 kN/m、1.30 kN/m、1.28 kN/m 和 1.27 kN/m,分别减小了 15.9%、16.4%、18.0% 和 18.7%。水泥搅拌桩弹性模量变化对最大桩侧土抗力影响较大,当水泥搅拌桩弹性模量大于 $2.5E_0$ 后影响减弱。水泥搅拌桩弹性模量的增加可认为桩侧土抵抗变形的能力增强,桩顶横向荷载由更强的土体承担,同级荷载作用下,桩身变形量减小,桩侧土抗力相应减小,但由于荷载沿径向扩散,土体承受荷载减小,超过一定范围后对桩侧土抗力的影响减弱。

3.3.4　桩体类型变化下的超大直径空心独立复合桩横向承载特性

3.3.4.1　桩体类型变化下桩的荷载-位移(H-Y)特性

桩体类型变化下的超大直径空心独立复合桩基 H-Y 曲线如图 3-98 所示。

由图 3-98 可以看出,横向荷载作用下,不同桩体类型的桩基 H-Y 曲线均为缓变形,没有明显拐点。不同桩体类型的桩顶位移有明显差异,表现为复合桩＜空心桩＋注浆体＜空心桩。桩体类型变化下桩基横向极限承载力 H_u 变化规律如图 3-99 所示。

由图 3-99 可以看出,不同类型桩基横向承载力差异较大,表现为复合桩＞空心桩＋注浆体＞空心桩。空心桩＋注浆体和复合桩相对于空心桩基横向极限承载力增幅分别为 10.5% 和 15.7%。这是由于注浆体和外围水泥搅拌桩的存在改善了空心桩周围土体的物理力学性质,强化了桩与桩侧土间的相互作用,提高了地基土水平抗力,也说明在承载能力方面超大直径空心独立复合桩相比传统的空心桩和空心桩＋注浆体具有明显优势。

3.3.4.2　桩体类型变化下的桩身弯矩变化规律

各级荷载下桩体类型变化下的桩身弯矩 M 沿埋深的分布规律如图 3-100

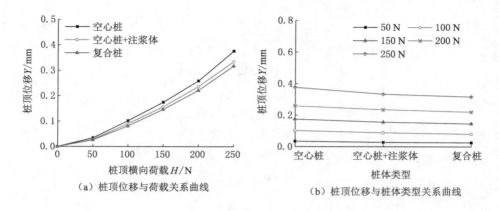

（a）桩顶位移与荷载关系曲线　　　　（b）桩顶位移与桩体类型关系曲线

图 3-98　桩体类型变化下的桩基 H-Y 曲线

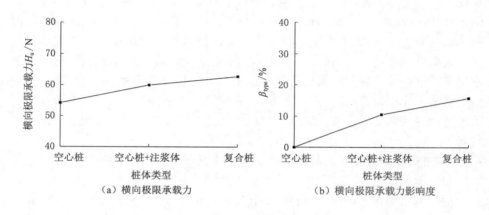

（a）横向极限承载力　　　　（b）横向极限承载力影响度

图 3-99　桩体类型变化下桩基横向极限承载力变化规律

所示。

由图 3-100 可以看出，随着荷载增大，不同桩体类型的桩身弯矩不断增加，桩身弯矩沿埋深均表现为先增大后减小的变化规律，各桩弯矩都分布在横向力作用点一侧，说明各桩都没有发生挠曲表现，只发生弯曲变形。以桩顶横向荷载 150 N 为例，分析桩体类型对超大直径空心独立复合桩弯矩 M 的影响，如图 3-101 所示。

由图 3-101 可以看出，相同荷载作用下，不同桩体类型的桩身弯矩沿埋深的分布规律相似，空心桩＋注浆体、复合桩的桩身弯矩明显小于空心桩的桩身弯矩，最大弯矩截面位置在 60 mm(0.33L) 附近。空心桩、空心桩＋注浆体和复合桩的桩身最大弯矩分别为 5.83 N·m、5.05 N·m 和 4.57 N·m，空心桩＋注

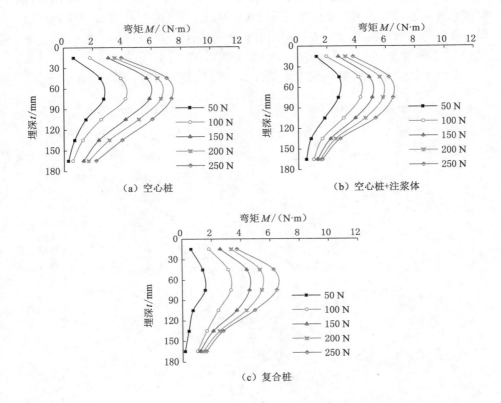

（a）空心桩　　　　　　　　　（b）空心桩+注浆体

（c）复合桩

图 3-100　不同桩体类型的桩身弯矩分布规律

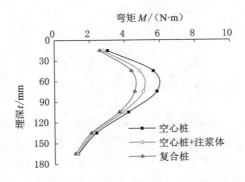

图 3-101　桩体类型对桩身弯矩的影响

浆体、复合桩的桩身最大弯矩相对于空心桩分别减小了 13.4%、21.7%。这说明注浆体和水泥搅拌桩对空心桩外围土体的强度和硬度均有明显的改善作用，即复合桩的抗弯能力高于空心桩和空心桩＋注浆体。

3.3.4.3　桩体类型变化下的桩侧土抗力变化规律

不同桩体类型下桩侧土抗力 p 沿埋深的变化规律如图 3-102 所示。

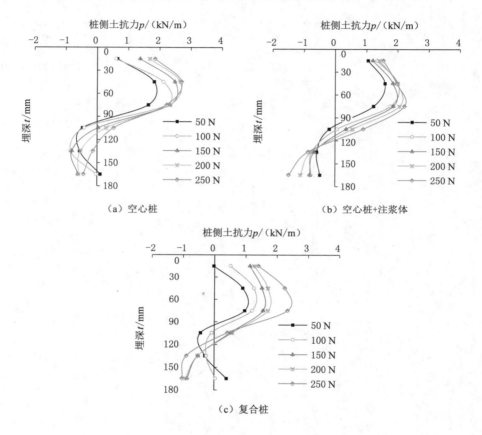

图 3-102　不同桩体类型下的桩侧土抗力分布规律

由图 3-102 可以看出，随着荷载增大，桩侧土抗力不断增加，桩侧土抗力沿埋深均呈先增大后减小，在地面以下 90～120 mm 附近出现土抗力零值，继续向下土抗力反向增加，说明在地面以下 90～120 mm 附近桩身出现反弯变形。以荷载 150 N 为例，分析桩体类型对超大直径空心独立复合桩的桩侧土抗力 p 的影响，如图 3-103 所示。

由图 3-103 可以看出，相同荷载作用下，不同桩体类型的桩侧土抗力沿埋深

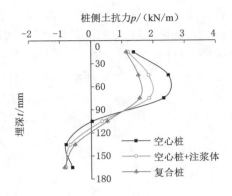

图 3-103　桩体类型对桩侧土抗力的影响

的分布规律相似,空心桩＋注浆体、复合桩的桩侧土抗力明显小于空心桩,抗力零点出现在 110 mm 附近,且有下移趋势,说明该位置是主动土抗力与被动土抗力的分界点;最大桩侧土抗力出现在 60 mm(0.33L)附近。桩顶横向荷载为 150 N,空心桩、空心桩＋注浆体和复合桩的桩身最大桩侧土抗力分别为 2.48 N·m、1.86 N·m 和 1.56 N·m,空心桩＋注浆体、复合桩的最大桩侧土抗力相对于空心桩分别减小了 25.1％、37.2％。这说明注浆体和水泥搅拌桩对空心桩周围土体的强度和硬度均有明显的改善作用,可认为桩的等效宽度增加,桩顶横向荷载由更大范围内的土体承担,故桩侧土抗力逐渐降低,即应力发生扩散。

3.4　超大直径空心独立复合桩基承载性能的参数敏感性分析

为客观评价各参数对超大直径空心独立复合桩基承载性能的影响,采用敏感性分析方法定量描述空心桩长径比、注浆体深度、注浆体厚度、注浆体弹性模量、水泥搅拌桩桩长、水泥搅拌桩弹性模量等参数的影响程度。

3.4.1　敏感性分析方法

敏感性分析是系统分析中常用的一种分析系统稳定性的方法。设一系统 P,其特性主要有 n 个影响因素 $x=\{x_1,x_2,\cdots,x_n\}$,$P=f\{x_1,x_2,\cdots,n\}$。在某一基准状态 $x^2=\{x_1^*,x_2^*,\cdots,x_n^*\}$ 下,系统特性为 P^*。分别分析这些因素在各自可能范围内变化时,系统特性 P 偏离基准状态 P^* 的趋势和程度,这种方法即为敏感性分析。

敏感性分析的第一步是建立系统模型,即系统特性与因素之间的函数关系 $P=f(x_1,x_2,\cdots,x_n)$,一般用解析式表达,若系统复杂,一般用数值方法或图表法表达。进行参数敏感性分析的一项重要工作是建立与实际相符的系统模型。

第二步是给出基准参数集,根据所研究的具体问题给出基准参数集,其后就可开始进行各参数的敏感性分析。分析参数 x_i 对系统特性 P 的影响时,令其他参数取基准值保持不变,令 x_i 在其可能范围内变化,这时系统特性 P 可表示为:

$$P = f(x_1^*, \cdots, x_{i-1}^*, x_i, x_{i+1}^*, \cdots, x_n^*) = \varphi_i(x_i) \tag{3-18}$$

根据上式绘出特性曲线 $P\text{-}x_i$(图 3-104),可根据特性曲线的曲率判断其敏感程度。

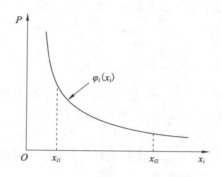

图 3-104　系统特性曲线 $P\text{-}x_i$

上述方法一般是用于系统特性的单因素敏感行为分析,对于影响因素较为复杂的系统,难以对各因素间的敏感程度进行比较,故一般采用无量纲化处理。因此,引入无量纲形式的敏感度函数和敏感性因子,即将系统特性 P 和参数 x_i 的相对误差的比值定义为参数 x_i 的敏感度函数 $S_i(x_i)$:

$$S_i(x_i)(|\Delta P|/P)/(|\Delta x_i|/x_i) = |\Delta P/\Delta x_i| \frac{x_i}{P} \quad (i = 1, 2, \cdots, n) \tag{3-19}$$

在 $\Delta x_i/x_i$ 较小的情况下,$S_i(x_i)$ 可近似为:

$$S_i(x_i) = |d\varphi_i(x_i)|/dx_i| \frac{x_i}{P} \quad (i = 1, 2, \cdots, n) \tag{3-20}$$

由式(3-20)绘出 x_i 的敏感性曲线 $S_i\text{-}x_i$(图 3-105),取 $x_i = x_i^*$,即得到参数 x_i 的敏感度因子 S_i^*,$i = 1, 2, \cdots, n$,其值越大,表明在基准状态下 P 对参数 x_i 越敏感。通过对 S_i^* 的比较,实现对系统特性的各因素敏感性的对比分析。

3.4.2　超大直径空心独立复合桩基竖向承载性能的敏感性分析

在超大直径空心独立复合桩基竖向承载性能的敏感性分析中,取竖向极限承载力 Q_u 作为竖向承载性能的表征参数 P。竖向极限承载力是竖向受荷桩承载控制指标,依据这个衡量指标对空心桩长径比 L/D、注浆体深度 L_1、注浆体厚

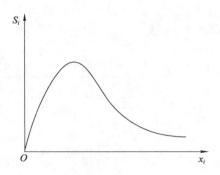

图 3-105　敏感度函数曲线 $S_i\text{-}x_i$

度 B、注浆体弹性模 E_1、水泥搅拌桩桩长 L_2、水泥搅拌桩弹性模量 E_2 等参数影响下的超大直径空心独立复合桩基竖向承载性能敏感度进行分析。

　　为便于计算,假定:① 地基土材料是均质连续的;② 初始地应力场均匀分布,且两个主应力方向分别沿竖向和横向方向;③ 忽略模型桩成孔和压入时对应力场和岩土体材质的影响。根据《工程地质手册》中岩土体力学参数建议值给出基准参数集,见表 3-7。

表 3-7　基准参数集

L/D	L_1/mm	B/mm	E_1/MPa	L_2/mm	E_2/MPa
6	180	4	$2.0E_0$	180	$2.0E_0$

　　系统特性曲线 $P\text{-}x_i$ 已在 3.3 节给出,不再重复绘制。采用曲线拟合方法建立 Q_u 与 L/D、L_1、B、E_1、L_2、E_2 的函数关系,见表 3-8。

表 3-8　竖向极限承载力与各影响因素的函数关系

影响因素 x_i	函数关系式	拟合精度 R^2
L/D	$Q_u = \varphi_{L/D}(x_1) = -0.920\,4x_1^2 + 90.557x_1 + 519.09$	1.000
L_1	$Q_u = \varphi_{L_1}(x_2) = -0.002\,3x_2^2 + 0.263\,2x_2 + 909.68$	0.988
B	$Q_u = \varphi_B(x_3) = -1.343\,8x_3^2 + 37.16x_3 + 907.84$	0.998
E_1	$Q_u = \varphi_{E_1}(x_4) = -27.601x_4^2 + 316.21x_4 + 708.14$	0.993
L_2	$Q_u = \varphi_{L_2}(x_5) = -0.000\,5x_5^2 + 0.174\,6x_5 + 983.74$	0.984
E_2	$Q_u = \varphi_{E_2}(x_6) = -16.108x_6^2 + 141.23x_6 + 811.09$	0.999

由式(3-20)得到各影响因素的敏感度函数,见表 3-9 与图 3-106。将各参数基准值代入得敏感度因子,见表 3-9。

表 3-9　各影响因素的敏感度函数及敏感度因子

影响因素 x_i	敏感度函数	敏感度因子
L/D	$S_{L/D}(x_1) = \left\| \dfrac{-90.557x_1 - 1\,038.18}{-0.920\,4x_1^2 + 90.557x_1 + 519.07} + 2 \right\|$	0.463
L_1	$S_{L_1}(x_2) = \left\| \dfrac{-0.263\,2x_2 - 1\,819.36}{0.002\,3x_2^2 + 0.263\,2x_2 + 909.68} + 2 \right\|$	0.190
B	$S_B(x_3) = \left\| \dfrac{-37.16x_3 - 1\,815.68}{-1.343\,8x_3^2 + 37.16x_3 + 907.84} + 2 \right\|$	0.102
E_1	$S_{E_1}(x_4) = \left\| \dfrac{-216.21x_4 - 1\,416.28}{-27.601x_4^2 + 216.21x_4 + 708.14} + 2 \right\|$	0.205
L_2	$S_{L_2}(x_5) = \left\| \dfrac{-0.174\,6x_5 - 1\,967.48}{0.000\,5x_5^2 + 0.174\,6x_2 + 983.74} + 2 \right\|$	0.060
E_2	$S_{E_2}(x_6) = \left\| \dfrac{-141.23x_6 - 1\,622.18}{-16.108x_6^2 + 141.23x_6 + 811.09} + 2 \right\|$	0.149

由表 3-9、图 3-106 可知,$S_B(x_3)$ 为先增加后减小的函数,当 B 在一定范围内增加时,敏感度逐渐增加,达到某一值后,如 $B > 8$ mm 后敏感度开始减小;$S_{L/D}(x_1)$、$S_{L_1}(x_2)$、$S_{L_2}(x_5)$ 为单调递增函数,L/D、L_1 和 L_2 较小时,敏感性较低,随着 L/D、L_1 和 L_2 的增加,敏感度提高;$S_{E_1}(x_4)$、$S_{E_2}(x_6)$ 为单调递减函数,E_1 和 E_2 较小时,敏感度较高,随着 E_1 和 E_2 的增加,敏感度逐渐降低。对于超大直径空心独立复合桩基础竖向极限承载力 Q_u,参数敏感度由大到小排序为:长径比 L/D >注浆体弹性模量 E_1 >注浆体深度 L_1 >水泥搅拌桩弹性模量 E_2 >注浆体厚度 B >水泥搅拌桩桩长 L_2。

3.4.3　超大直径空心独立复合桩基横向承载性能的敏感性分析

在超大直径空心独立复合桩基横向承载性能的敏感性分析中,取桩顶横向位移 Y 和桩身截面最大弯矩 M 作为横向承载性能的表征参数 P。桩顶横向位移和截面最大弯矩是横向受荷桩的变形和受力两个角度的承载控制指标,依据这两个衡量指标对空心桩长径比、注浆体深度、注浆体厚度、注浆体弹性模量、水泥搅拌桩桩长、水泥搅拌桩弹性模量等参数影响下的超大直径空心独立复合桩基横向承载性能敏感度进行分析。

(1)桩顶横向位移 Y 的敏感性分析

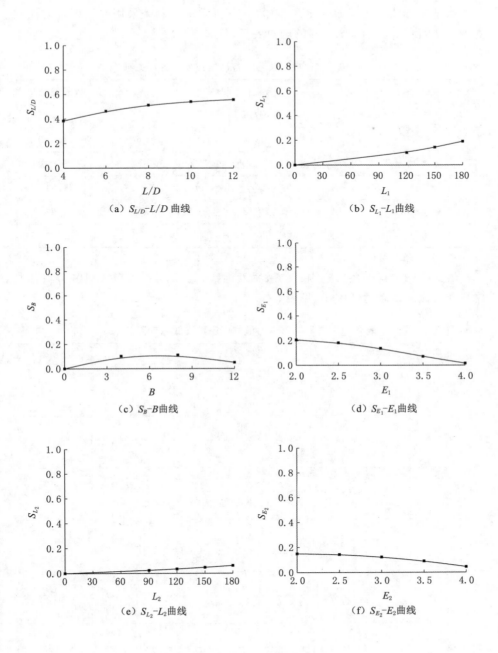

（a）$S_{L/D}$-L/D 曲线　　　　（b）S_{L_1}-L_1曲线

（c）S_B-B曲线　　　　（d）S_{E_1}-E_1曲线

（e）S_{L_2}-L_2曲线　　　　（f）S_{E_2}-E_2曲线

图 3-106　各因素敏感度函数曲线

系统特性曲线 $P\text{-}x_i$ 已在 3.4 节给出，不再重复绘制。采用曲线拟合方法建立 Y 与 L/D、L_1、B、E_1、L_2、E_2 的函数关系，见表 3-10。

表 3-10　桩顶横向位移与各影响因素的函数关系

影响因素 x_i	函数关系式	拟合精度 R^2
L/D	$y=\varphi_{L/D}(x_1)=0.001\,2x_1^2-0.023\,5x_1+0.250\,3$	0.947
L_1	$y=\varphi_{L_1}(x_2)=-4\times10^{-8}x_2^2-0.000\,1x_2+0.166\,6$	0.985
B	$y=\varphi_{B}(x_3)=0.000\,3x_3^2-0.005\,7x_3+0.166\,2$	0.997
E_1	$y=\varphi_{E_1}(x_4)=0.002\,2x_4^2-0.017\,2x_4+0.172\,3$	0.996
L_2	$y=\varphi_{L_2}(x_5)=-2\times10^{-7}x_5^2-3\times10^{-5}x_5+0.157$	0.970
E_2	$y=\varphi_{E_2}(x_6)=0.000\,8x_6^2-0.006\,7x_6+0.157\,1$	0.967

由式（3-20）得到各影响因素的敏感度函数，见表 3-11 与图 3-107。将各参数基准值代入得敏感度因子，见表 3-11。

表 3-11　各影响因素的敏感度函数及敏感度因子

影响因素 x_i	敏感度函数	敏感度因子
L/D	$S_{L/D}(x_1)=\left\|\dfrac{0.023\,5x_1-0.500\,6}{0.001\,2x_1^2-0.023\,5x_1+0.250\,3}+2\right\|$	0.358
L_1	$S_{L_1}(x_2)=\left\|\dfrac{0.000\,1x_2-0.333\,2}{-4\times10^{-8}x_2^2-0.000\,1x_2+0.166\,6}+2\right\|$	0.140
B	$S_{B}(x_3)=\left\|\dfrac{0.005\,7x_3-0.332\,4}{0.000\,3x_3^2-0.005\,7x_3+0.166\,2}+2\right\|$	0.089
E_1	$S_{E_1}(x_4)=\left\|\dfrac{0.017\,2x_4-0.344\,6}{0.002\,2x_4^2-0.017\,2x_4+0.172\,3}+2\right\|$	0.115
L_2	$S_{L_2}(x_5)=\left\|\dfrac{3\times10^{-5}x_5-0.314}{-2\times10^{-7}x_5^2-3\times10^{-5}x_5+0.157}+2\right\|$	0.127
E_2	$S_{E_2}(x_6)=\left\|\dfrac{0.006\,7x_6-0.314\,2}{0.000\,8x_6^2-0.006\,7x_6+0.157\,1}+2\right\|$	0.048

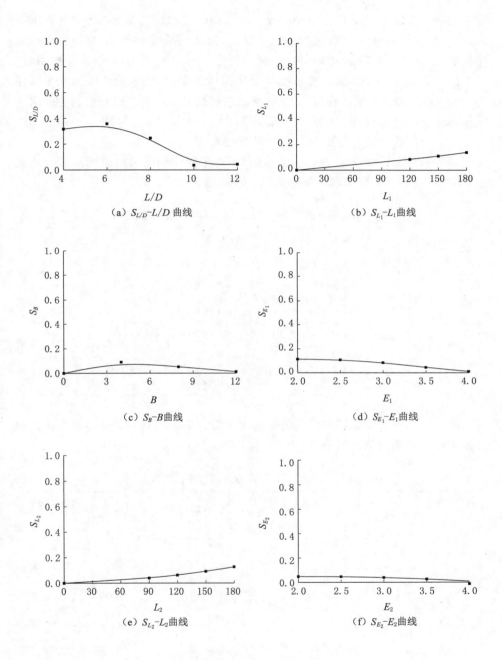

图 3-107　各因素敏感度函数曲线

由表 3-11、图 3-107 可知，$S_{L/D}(x_1)$、$S_B(x_2)$ 先增加后逐渐减小，当 $L/D>$ 6、$B>4$ mm 后敏感度下降；$S_{L_1}(x_2)$、$S_{L_2}(x_5)$ 为单调递增函数，L_1、L_2 较小时，敏感性较低，随着 L_1、L_2 的增加，敏感度提高；$S_{E_1}(x_4)$、$S_{E_2}(x_6)$ 为单调递减函数。对于超大直径空心独立复合桩基础桩顶横向位移 Y，参数敏感度由大到小排序为：长径比 $L/D>$ 注浆体深度 $L_1>$ 水泥搅拌桩桩长 $L_2>$ 注浆体弹性模量 $E_1>$ 注浆体厚度 $B>$ 水泥搅拌桩弹性模量 E_2。

（2）桩身截面最大弯矩 M_{max} 的敏感性分析

系统特性曲线 P-x_i 已在 3.4 节给出，不再重复绘制。采用曲线拟合方法建立 M_{max} 与 L/D、L_1、B、E_1、L_2、E_2 的函数关系，见表 3-12。

表 3-12　桩身截面最大弯矩与各影响因素的函数关系

影响因素 x_i	函数关系式	拟合精度 R^2
L/D	$M_{max}=\varphi_{L/D}(x_1)=-0.024\,1x_1^2+0.715\,2x_1+1.252\,9$	0.993
L_1	$M_{max}=\varphi_{L_1}(x_2)=-3\times10^{-5}x_2^2-0.002\,3x_2+5.836\,3$	0.998
B	$M_{max}=\varphi_B(x_3)=0.009\,2x_3^2-0.271\,8x_3+5.801\,2$	0.991
E_1	$M_{max}=\varphi_{E_1}(x_4)=0.205\,2x_4^2-1.780\,1x_4+8.404\,6$	0.998
L_2	$M_{max}=\varphi_{L_2}(x_5)=1\times10^{-6}x_5^2-0.003x_5+5.056\,8$	0.986
E_2	$M_{max}=\varphi_{E_2}(x_6)=0.232\,9x_6^2-1.695\,5x_6+6.995$	0.960

由式（3-20）得到各影响因素的敏感度函数，见表 3-13 与图 3-108。将各参数基准值代入得敏感度因子，见表 3-13。

表 3-13　各影响因素的敏感度函数及敏感度因子

影响因素 x_i	敏感度函数	敏感度因子
L/D	$S_{L/D}(x_1)=\left\| \dfrac{0.715\,2x_1+2.505\,8}{0.024\,1x_1^2-0.715\,2x_1-1.252\,9}+2 \right\|$	0.547
L_1	$S_{L_2}(x_2)=\left\| \dfrac{-0.002\,3x_1+11.672\,6}{3\times10^{-5}x_2^2+0.002\,3x_1-5.836\,3}+2 \right\|$	0.530
B	$S_B(x_1)=\left\| \dfrac{0.271\,8x_1-11.602\,4}{0.009\,2x_3^2-0.271\,8x_3-5.801\,2}+2 \right\|$	0.192

表 3-13(续)

影响因素 x_i	敏感度函数	敏感度因子
E_1	$S_{E_1}(x_4) = \left\| \dfrac{1.780\,1x_4 + 16.809\,2}{0.205\,2x_4^2 - 1.780\,1x_4 + 8.404\,6} + 2 \right\|$	0.335
L_2	$S_{L_2}(x_5) = \left\| \dfrac{0.003x_5 - 10.113\,6}{1 \times 10^{-6}x_5^2 - 0.003x_5 + 5.056\,8} + 2 \right\|$	0.104
E_2	$S_{E_2}(x_6) = \left\| \dfrac{1.695\,5x_2 - 13.99}{0.232\,9x_6^2 - 1.695\,5x_6 + 6.995} + 2 \right\|$	0.337

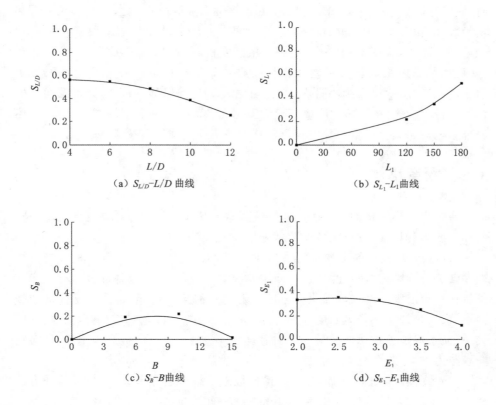

图 3-108　各因素敏感度函数曲线

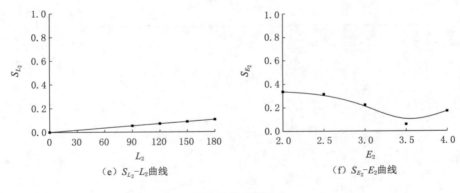

（e）S_{L_2}–L_2曲线　　　　　（f）S_{E_2}–E_2曲线

图 3-108　（续）

由表 3-13、图 3-108 可知，$S_{L/D}(x_1)$、$S_{E_1}(x_4)$ 为单调递减函数，L/D、E_1 较小时，敏感度较高，随着 L/D、E_1 的增加，敏感度逐渐降低；$S_{L_1}(x_2)$、$S_{L_2}(x_5)$ 为单调递增函数，L_1 和 L_2 较小时，敏感性较低，随着 L_1 和 L_2 的增加，敏感度提高；$S_B(x_3)$ 先增加后减小，B 在 5～10 mm 范围内敏感度较高；而 $S_{E_2}(x_6)$ 先减小后增加，在 $2.0E_0$ 时敏感度最高。对于超大直径空心独立复合桩基础桩身截面最大弯矩 M_{max}，参数敏感度由大到小排序为：长径比 L/D＞注浆体深度 L_1＞水泥搅拌桩弹性模量 E_2＞注浆体弹性模量 E_1＞注浆体厚度 B＞水泥搅拌桩桩长 L_2。上述研究结论对超大直径空心独立复合桩基础的工程实践具有参考意义。

3.5　本章小结

通过离心模型试验研究了不同影响因素下超大直径空心独立复合桩基的竖向和横向承载特性，分析了各参数敏感性，得出以下结论：

（1）随着长径比的增加，复合桩竖向极限承载力大幅提高，复合桩的受力特性逐渐表现为摩擦桩特性，桩顶荷载主要由侧阻力承担；注浆体深度、厚度、弹性模量在一定范围的增加可强化桩与桩侧土间的相互作用，明显提高复合桩的竖向承载力；相较于注浆体深度，水泥搅拌桩桩长对复合桩竖向承载力的影响程度较小，而水泥搅拌桩弹性模量的增加对复合桩竖向承载力的提高作用较强；在竖向承载力方面，复合桩＞空心桩＋注浆体＞空心桩。

（2）随着长径比的增加，复合桩横向极限承载力显著提高，复合桩的受力特性逐渐表现为弹性桩特性，最大弯矩和最大桩侧土抗力出现在桩身上部（0.28～0.38）L 范围内，复合桩的横向承载能力主要受上部土层物理力学指标控制；注浆体深度、厚度、弹性模量在一定范围的增加可强化桩与桩侧土间的相互作用，明显提高复合桩的横向承载力；相较于注浆体深度，水泥搅拌桩桩长、弹性模量的增加对复合桩横向承载力的提高作用较弱；在横向承载力方面，复合桩＞空心桩＋注浆体＞空心桩。

（3）采用无量纲敏感度函数和敏感度因子，使得多因素之间的敏感性具有可比性。对于超大直径空心独立复合桩基础的竖向极限承载力 Q_u、桩顶横向位移 Y、桩身截面最大弯矩 M_{max} 的参数敏感度排序略有差异，综合考虑桩在工作时同时受竖向和横向两个方向的影响，对于超大直径空心独立复合桩基础承载性能的参数敏感度由大到小排序为：长径比 L/D＞注浆体深度 L_1＞注浆体弹性模量 E_1＞水泥搅拌桩弹性模量 E_2＞注浆体厚度 B＞水泥搅拌桩桩长 L_2，在设计时应重点关注敏感度较高的参数。

（4）综合考虑各因素对复合桩竖向和横向承载特性的影响程度有以下建议：超大直径空心独立复合桩基础的长径比不宜大于 8，注浆体深度 L_1 宜取（5/6～1）L 且不小于 L_2，注浆体厚度 B 宜取（2/15～4/15）D，注浆体弹性模量 E_1 宜取（3.0～4.0）E_0 且不小于 E_2，水泥搅拌桩桩长 L_2 宜与空心桩桩长 L 保持一致，水泥搅拌桩弹性模量 E_2 宜取（3.0～3.5）E_0。

第4章　超大直径空心独立复合桩基础承载特性的数值仿真

离心机试验通常在模型材料上选取的是相似材料,且一般是保证我们所关注的特征相似,难以做到所有物理量都符合相似条件。另外,由于离心机试验一般是缩尺试验,试验结果受试验误差(包括人工误差)的影响较大。数值仿真作为研究问题的手段并不是一种独立的方法,而是要与试验或理论相结合才能起作用。一般而言,数值仿真是对实际问题的简化,尤其是模型建立时的边界条件、本构关系、参数选取都会影响数值仿真计算的结果,在不同桩土参数影响下表现出十分复杂的承载及变形特性。本章结合超大直径空心独立复合桩基础自身构造特点,在离心模型试验研究基础上,采用MARC有限元分析元件,建立超大直径空心桩-注浆体-水泥搅拌桩-土相互作用三维数值模型,制订空心桩参数变化、注浆体参数变化、水泥搅拌桩参数变化的研究方案,为研究桩土参数对超大直径空心独立复合桩基础承载特性的影响、探明荷载传递机理以及研究其设计计算方法提供了理论支持。

4.1　有限元模型建立及计算方案

计算模型包括几何模型和材料模型,模型选用得当与否,将直接影响到计算结果的精度及对实际受力情况的反映程度。桩基础的工作机理及承载特性实际上是桩-土协同作用的反映。超大直径空心独立复合桩基础的受力状况较为复杂,它与其四周和底部的岩土体均发生相互作用,因此,要合理、准确地分析空心桩-注浆体-水泥搅拌桩协同作用时的力学性状,采用三维空间模型最为合理。

4.1.1　模型建立及参数选取

4.1.1.1　几何模型及单元划分

结合桩基础结构受力的特点和有限元计算对计算资源的要求,通过大量试算和相关文献,确定在计算中桩侧和桩底岩土体取10倍的桩径范围,采用轴对称空间三维模型。为了计算结果更易收敛,将桩侧水泥搅拌桩简化为圆环。桩周土体分为上下两层,上层为粉质黏土,厚度为 $L-4$ m;下层为黏土,厚度为 $10D$。MARC非线性有限元程序中提供了多种计算单元类型,考虑到研究的需要,选用八节点六面体和六节点五面体单元进行网格划分,在将实体离散成有限元单元时,尽可能地加密桥梁桩基及其周围土体单元由近到远、由密到疏进行过渡,这样既可确保计算精度,又易于收敛,节省运算时间。超大直径空心独立复合桩基础有限元计算模型如图 4-1 所示。

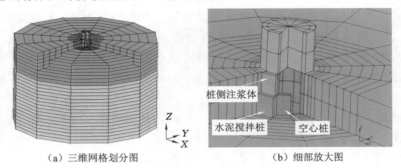

（a）三维网格划分图　　　　　　　（b）细部放大图

图 4-1　超大直径空心独立复合桩的几何模型（以桩径 5.0 m、桩长 30 m 为例）

4.1.1.2　边界条件

计算模型近似为半无限空间体,对于计算模型边界条件,将模型下部底面及侧面 X、Y、Z 方向位移固定,对桩顶分别施加竖向和横向分级荷载。

4.1.1.3　材料本构模型

（1）桩体本构

有限元数值计算结果精度主要取决于本构模型的合理性和计算参数的准确性。本研究中空心桩采用混凝土材料,一般桩基破坏模式主要是由于土体出现塑性区,使得桩基位移过大而破坏,而桩的受力状态仍处于弹性变形阶段,因此,桩体采用各向同性线弹性本构模型。线弹性模型的本构关系为:

$$\{\sigma\} = [D]\{\varepsilon\} \tag{4-1}$$

式中,$\{\sigma\}$ 为应力矩阵;$\{\varepsilon\}$ 为应变矩阵;$[D]$ 为弹性矩阵。表达式为:

$$[D] = \frac{E(1-\mu)}{(1+\mu)(1-2\mu)} \begin{bmatrix} 1 & & & & & \\ \frac{\mu}{1-\mu} & 1 & & & \text{对称} & \\ \frac{\mu}{1-\mu} & \frac{\mu}{1-\mu} & 1 & & & \\ 0 & 0 & 0 & \frac{1-2\mu}{2(1-\mu)} & & \\ 0 & 0 & 0 & 0 & \frac{1-2\mu}{2(1-\mu)} & \\ 0 & 0 & 0 & 0 & 0 & \frac{1-2\mu}{2(1-\mu)} \end{bmatrix} \tag{4-2}$$

式中，E 为弹性模量；μ 为泊松比。

（2）土体本构

土体是地表岩体经风化、剥蚀、搬运、沉积后的产物，具有松散、多相、多变等特性，且受到应力水平、应力历史、应力路径、应力状态以及应力速率的影响，土体的变形具有典型的非线性和非弹性的特点，因此土体采用弹塑性本构模型进行分析。弹塑性本构中，对于弹性变形是按照胡克定律进行计算的，对于塑性变形采用塑性理论求解，且要做三方面假设：① 破坏准则和屈服准则；② 硬化准则；③ 流动准则。

MARC 中提供的屈服准则有 von Mises 屈服准则、Mohr-Coulomb 屈服准则等，岩土体在变形过程中，应力与应变呈非线性关系，Mohr-Coulomb 屈服准则由于简单实用而得到广泛应用。在 π 平面上，Mohr-Coulomb 屈服条件的屈服面是一个不等角的等六边形，在主应力空间是一个棱锥面。在当 $\sigma_1 > \sigma_2 > \sigma_3$ 时，其屈服函数为：

$$F = \frac{1}{2}(\sigma_3 - \sigma_1) + \frac{1}{2}(\sigma_3 + \sigma_1)\sin\varphi - \cos\varphi = 0 \tag{4-3}$$

但是 Mohr-Coulomb 屈服面存在尖顶和棱角这些奇异点，使数值计算变繁和收敛缓慢，不便于塑性应变增量的计算。

MARC 中采用的广义 Mohr-Coulomb 屈服准则实质是 Drucker-Prager 屈服准则，分线性和抛物线型两种：

① 线性 Drucker-Prager 屈服准则与屈服函数。它假设是静水压力的线性函数，其屈服函数见式(4-4)，其平面应变条件下的屈服面如图 4-2 所示。

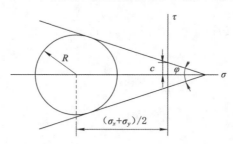

图 4-2　线性 Drucker-Prager 材料在平面应变条件下的屈服面

$$F = \alpha J_1 + J_2^{\frac{1}{2}} - \frac{\overline{\sigma}}{\sqrt{3}} = 0 \tag{4-4}$$

式中　J_1——第一偏应力张量不变量，$J_1 = \sigma_{ii}$；

　　　J_2——第二偏应力张量不变量，$J_2 = \frac{1}{2}\sigma'_{ij}$；

α、$\bar{\sigma}$——与土的黏聚力 c、内摩擦角 φ 值有关的试验常数,其值为:

$$\alpha = \frac{\sin \varphi}{\sqrt{9 + 3\sin^2 \varphi}}, \quad \bar{\sigma} = \frac{3\sqrt{3}\cos \varphi}{\sqrt{9 + 3\sin^2 \varphi}} \qquad (4\text{-}5)$$

② 抛物线 Drucker-Prager 屈服准则与屈服函数。其被广义化为一个特定的屈服包络图,在平面应变状态下是一条抛物线,如图 4-3 所示。其屈服函数表达式为:

$$F = (3J_2 + \sqrt{3}\beta\bar{\sigma}J_1)^{\frac{1}{2}} - \bar{\sigma} = 0 \qquad (4\text{-}6)$$

$$\beta\bar{\sigma} = \frac{\alpha}{\sqrt{3}} \qquad (4\text{-}7)$$

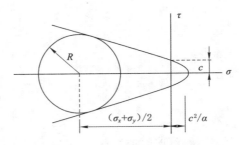

图 4-3　抛物线 Drucker-Prager 材料在平面应变条件下的屈服面

线性 Drucker-Prager 屈服准则考虑了中主应力和静水压力对屈服与破坏的影响,有利于塑性应变增量方向的确定和数值计算。且材料参数少,易于试验测定或由 Mohr-Coulomb 准则材料常数换算。本书分析时采用基于线性 Drucker-Prager 屈服准则的理想弹塑性模型。

在弹塑性模型中,流动法则是用来确定塑性应变增量方向或塑性流动方向的,以塑性势函数表征。一般来说,流动方程是塑性应变在垂直于屈服面的方向发展的屈服准则中推导出来的。在 Drucker-Prager 模型中,假设塑性势函数等于屈服函数,即采用相关的流动法则,其塑性势函数 Q 与屈服函数 F 相等:

$$\mathrm{d}\varepsilon_{ij}^p = \mathrm{d}\lambda \frac{\partial Q}{\partial \sigma_y} = \mathrm{d}\lambda \frac{\partial F}{\partial \sigma_{ij}} \qquad (4\text{-}8)$$

式中　$\mathrm{d}\varepsilon_{ij}^p$——塑性应变增量张量;

　　　σ_y——应力张量。

经典 Drucker-Prager 模型是一种理想塑性模型,由于在计算模型中只涉及静荷载与简单加载过程,因此选用各向同性硬化准则。如图 4-4 所示,材料先从无应力状态(0 点)加载到点 1 初始屈服,接着加载到点 2,然后从点 2 卸载到点 3,服从弹性斜率 E(线性模量),再从点 3 重新弹性加载到点 2。最后试件再次从点 2 塑性加载到点 4 和弹性卸载从点 4 到点 5。在点 5 和点 6 发生反向塑性加载,很明显点 1 处的应力等于初始屈服应力 σ_y,或能达到后继屈服点(点 5)。各向同性工作硬化定律指出反向屈服发生在反方向的当前应力水平。如果点 4 的应力水平为 σ_y,则反向屈服只能发生在应力水平为一σ_y的点 5。

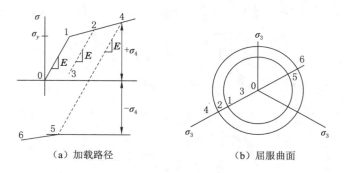

(a)加载路径   (b)屈服曲面

图 4-4　各向同性硬化定律的加载路径和屈服曲面

(3)桩土接触

MARC 软件对于解决接触问题的处理有三种途径:一是通过基于拉格朗日乘子法或罚函数法的接触界面 GAP/FRICTION 单元。二是接触迭代算法,对于直接约束的接触算法,是解决所有问题的通用方法。特别是对大面积接触以及事先无法预知接触发生区域的接触问题,程序能根据物体的运动约束和相互作用自动探测接触区域,施加接触约束,这种方法对接触的描述精度高,具有普遍适应性,不需要增加特殊的界面单元,也不涉及复杂的接触条件变化,是MARC 解决非线性接触问题而提出的一种独特的解决方法,也是该程序的特点之一,在 MARC 软件中通过 CONTACT 选项激活。三是全面通过用户子程序USPRUG 来自定义接触算法。

本书中桩-土接触模式采用第二种方法,将桩和桩周土定义为可变形接触体,并在接触表中定义接触体之间的摩擦系数。MARC 软件中提供的较适用的摩擦模型有 Coulomb 摩擦模型、Stick-slip 模型、Shear 模型。经过比选,本书采用 Coulomb 摩擦模型,如图 4-5 和图 4-6 所示。

Coulomb 模型可以用应力表示为:

$$\sigma_{fr} \leqslant -\mu\sigma_n t \tag{4-9}$$

式中　σ_n——接触节点法向应力;

　　　σ_{fr}——切向(摩擦)应力;

　　　μ——摩擦系数;

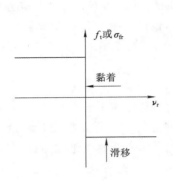

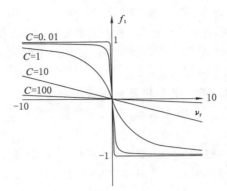

图 4-5　摩尔库仑模型　　　　　　图 4-6　修正的摩尔库仑模型

t——相对滑动速度方向上的切向单位矢量，$t = \nu_r / |\nu_r|$。

对于给定的方向力，摩擦力是相对位移速度的阶跃函数，这一不连续性给数学处理带来了困扰，为此采用修正的库仑模型，其表达式为：

$$\sigma_{fr} \leqslant -\mu\sigma_n \frac{2}{\pi}\arctan\left(\frac{\nu_r}{r_{\nu_{const}}}\right) \cdot t \tag{4-10}$$

式中　$r_{\nu_{const}}$——相对位移速度。

（4）参数选取

数值仿真分析中桩土具体参数见表 4-1。

表 4-1　计算模型材料参数表

材料名称	弹性模量 /MPa	泊松比 μ	黏聚力 c /kPa	内摩擦角 φ /(°)	容重 γ /(kN/m³)
混凝土空心桩	30×10^3	0.20	—	—	22
粉质黏土	20.0	0.25	27	25	17
黏土	50.0	0.25	40	20	21
注浆体	$2E_0/3E_0/4E_0$	0.30	27/40	21	19
水泥搅拌桩	$2E_0/3E_0/4E_0$	0.30	27/40	21	19

注：E_0 代表未注浆土的弹性模量，对于粉质黏土为 20 MPa，对于黏土为 50 MPa。

（5）模型加载

在对模型加载前，对各个网格单元组进行检查，确保模型的准确性与完整性，对桩、注浆区等物理参数设置进行核对。检查完毕，确认各参数正常后，按照试验设计方案分级加载。竖向荷载按每级 2 MN 依次递增，桩径 2.5 m、3.5 m、

5.0 m 加载到 40 MN,桩径 7.5 m 和 10.0 m 加载到 60 MN。加载为应力加载,将集中荷载换算成均布力施加在空心桩桩顶。横向荷载按每级 100 kN 依次递增,桩径 2.5 m、3.5 m、5.0 m 加载到 2 000 kN,桩径 7.5 m 和 10.0 m 加载到 3 000 kN。

4.1.2 数值仿真分析工况

利用 MARC 有限元软件,考虑竖向和横向荷载作用下超大直径空心独立复合桩基础受力特性,建立空心桩-注浆体-水泥搅拌桩相互作用模型,通过模拟空心桩的尺寸参数变化(桩长 L、桩径 D)、桩侧注浆体的参数变化(注浆体厚度 B、弹性模量 E_1)和水泥搅拌桩的参数变化(水泥搅拌桩的桩长 L_2、弹性模量 E_2),研究不同竖向、横向荷载作用下超大直径空心独立复合桩基础的承载力及破坏模式、桩侧阻力与桩端阻力的变化规律以及桩周土体的变形特性。数值仿真分析工况见表 4-2。

表 4-2 超大直径空心独立复合桩基础数值仿真分析工况

工况	L	D	L_1/m	B/m	E_1/MPa	L_2/m	E_2/MPa
L	10、20、30、40、50	2.5、3.5、5.0、7.5、10.0	L	0.5	$2.0E_0$	L	$2.0E_0$
D	10、20、30、40、50	2.5、3.5、5.0、7.5、10.0	L	0.5	$2.0E_0$	L	$2.0E_0$
B	30	5.0	30	0、0.5、1.0	$2.0E_0$	30	$2.0E_0$
E_1	30	5.0	30	0.5	$2.0E_0$、$3.0E_0$、$4.0E_0$	30	$2.0E_0$
L_2	30	5.0	30	0.5	$2.0E_0$	$0.5L$、$0.8L$、L	$2.0E_0$
E_2	30	5.0	30	0.5	$2.0E_0$	30	$2.0E_0$、$3.0E_0$、$4.0E_0$

注:E_0 代表未注浆原始土层的弹性模量,注浆土的弹性模量取各层原始土层的倍数。

本书基于变形控制原则,取桩顶位移 40 mm 对应的竖向荷载 Q 作为竖向极限承载力,取桩顶水平位移为 6 mm 对应的横向荷载为横向极限承载力,极限承载力影响度 α 和 β 定义同 3.2.7 小节。

4.2　竖向荷载作用下超大直径空心独立复合桩基承载特性

4.2.1　空心桩尺寸参数变化下的超大直径空心独立复合桩竖向承载特性

4.2.1.1　空心桩桩长变化下的超大直径空心独立复合桩竖向承载特性

（1）空心桩桩长变化下的桩基荷载-沉降（$Q\text{-}s$）特性

空心桩桩长变化下的超大直径空心独立复合桩的 $Q\text{-}s$ 曲线如图 4-7 所示。

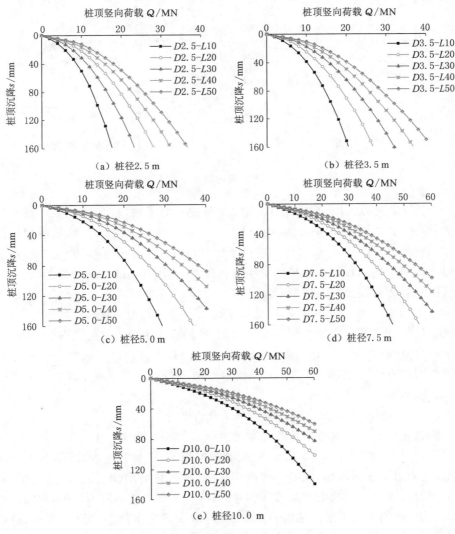

（a）桩径 2.5 m

（b）桩径 3.5 m

（c）桩径 5.0 m

（d）桩径 7.5 m

（e）桩径 10.0 m

图 4-7　桩长变化下的桩基 $Q\text{-}s$ 曲线

由图 4-7 可以看出,随着桩顶竖向荷载的增加,各桩径下不同桩长的桩基 Q-s 曲线变化规律相似,均呈现为缓变型,没有明显拐点。当荷载较小时,桩顶沉降近似呈线性增长,随着荷载的增大达到某一限值后沉降曲线呈现不同程度非线性,沉降量增加幅值逐渐增大。空心桩桩长 L 变化下的桩基竖向极限承载力 Q_u 变化规律如图 4-8 所示。

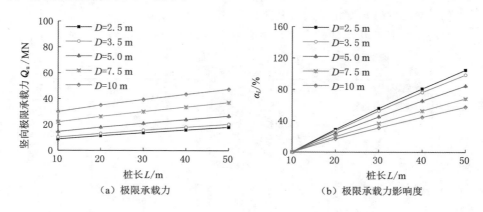

（a）极限承载力　　　　　　　（b）极限承载力影响度

图 4-8　桩长变化下的竖向极限承载力变化规律

由图 4-8 可以看出,当桩径一定时,随着桩长的增加,桩基的极限承载力呈增大趋势。以桩径 5.0 m 为例,桩长从 10 m 逐步增至 50 m 时,桩基竖向极限承载力增加了 23.9%～84.2%。桩径变化时,桩长由 10 m 逐步增至 50 m 时的极限承载力增幅均较前一桩径的增幅小。以上分析表明,随桩长的增加,桩基竖向极限承载力明显提高,且桩径越小,桩长对承载力的影响作用越显著;桩的极限承载力增幅近似呈线性增长,这是由于超大直径空心独立复合桩的桩径较大,相比于传统桩具有更大的桩侧与桩端面积,桩基竖向承载力更易发挥。因此,单从承载力方面讲,在 50 m 范围内,增加桩长是提高大直径空心独立复合桩基竖向承载力的有效措施,但基于对工程技术性与经济性的综合考虑,桩长不宜过长,取 30 m 较为合理。

（2）空心桩桩长变化下的桩基分项承载力变化规律

桩长变化下的桩基分项承载力变化规律如图 4-9、图 4-10 所示。

由图 4-9 和图 4-10 可以看出,极限荷载作用下,随桩长增加,桩端阻力逐渐减小,桩侧阻力逐渐增加,说明当桩径一定时,随桩长的增加,长径比逐渐增加,桩基受力特性逐渐表现为摩擦桩特性,桩顶荷载主要由桩侧阻力承担,相同的桩顶沉降下,桩侧阻力先于桩端阻力充分发挥,故表现为桩侧阻力逐渐增加、桩端阻力逐渐减小的变化规律。以桩径 5.0 m 为例,当桩长从 10 m 逐步增至 50 m

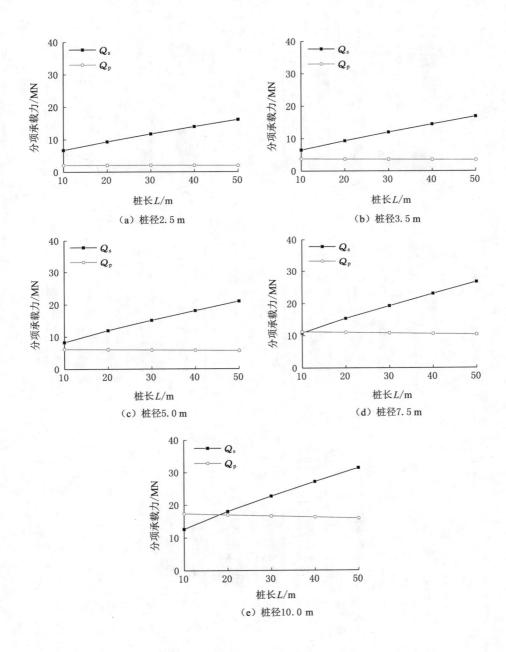

图 4-9　桩长变化下的分项承载力

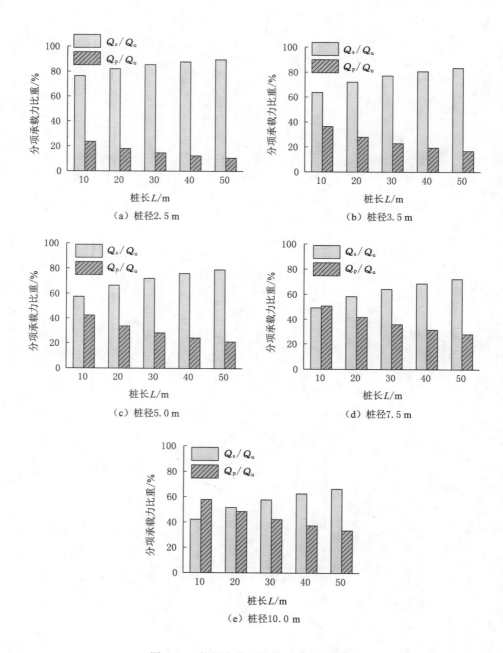

图 4-10　桩长变化下的分项承载力比重

时,桩侧阻力增加了 43.4％～153.1％,桩侧阻力比重由 57.5％增至 79.0％;桩端阻力减小了 2.4％～8.9％,桩端阻力比重由 42.5％降至 21.0％。桩径变化时,桩长从 10 m 增至 50 m 时的桩侧阻力比重均较前一桩径的比重小,桩侧阻力与桩端阻力的变化幅度较前一桩径基本一致。上述分析表明,长径比越大,桩基的摩擦桩特性越明显。

（3）空心桩桩长变化下的桩侧土体沉降变形特性

空心桩桩长 L 变化下的地表平面桩侧土体沉降变形曲线如图 4-11 所示。

由图 4-11 可以看出,极限荷载作用下,由于桩-土间的摩擦作用,桩周土的变形沿径向向外逐渐减小,即在空间上桩侧土体的沉降变形近似为漏斗形分布。桩径一定时,随着桩长的增加,桩侧土体沉降变形分布曲线的弯曲程度增加。以桩径 5.0 m 为例,极限荷载作用下,随着桩长增加,与桩外壁接触的土体沉降均在 40 mm 左右,说明此处的桩-土间摩擦作用很大,桩与土发生协同变形。在 $8D$ 范围内,随桩长的增加,桩侧土体的沉降略有增加,桩长由 10 m 增至 50 m 时,平均约比前一桩长相应位置土体沉降增加 1～2 mm,沉降变形分布曲线的弯曲程度逐渐增加,超出 $8D$ 范围后,桩长对桩侧土体沉降变形特性的影响很小,可以忽略。上述分析表明,极限荷载作用下,桩径一定时,随着桩长的增加,长径比逐渐增加,桩基逐渐表现为摩擦桩特性,桩与桩侧土的摩擦作用增加,桩侧土体沉降变形分布曲线弯曲程度增加。桩长变化对桩侧土的沉降变形特性的影响作用较小,桩对桩周土沉降的影响在 $8D$ 范围之内。

4.2.1.2　空心桩桩径变化下的超大直径空心独立复合桩竖向承载特性

（1）空心桩桩径变化下的桩基荷载-沉降（Q-s）特性

空心桩桩径 D 变化下的 Q-s 曲线规律如图 4-12 所示。

由图 4-12 可以看出,随着桩顶荷载的增加,各桩长下不同桩径的桩基 Q-s 曲线变化规律亦相似,均呈现为缓变型。当荷载较小时,桩顶沉降近似呈线性增长,随着荷载的增大达到某一限值后沉降曲线呈现不同程度非线性,沉降量增加幅值逐渐增大。空心桩桩径 L 变化下的桩基竖向极限承载力变化规律如图 4-13 所示。

由图 4-13 可以看出,当桩长一定时,随着桩径的增加,桩基的极限承载力呈增大趋势。以桩长 30 m 为例,桩径从 2.5 m 逐步增至 10.0 m 时,桩基竖向极限承载力增加了 13.4％～186.4％。桩长变化时,桩径从 2.5 m 增至 10.0 m 时的极限承载力增幅均较前一桩径的增幅小。以上分析表明,随桩径的增加,桩基竖向极限承载力大幅提高,且桩长越短,桩径对承载力的影响作用越显著;桩的极限承载力增幅近似呈线性增长且略有加速增长趋势。此外,桩径变化对桩基竖向承载力的影响程度远大于桩长变化的影响。因此,单从承载力方面讲,在

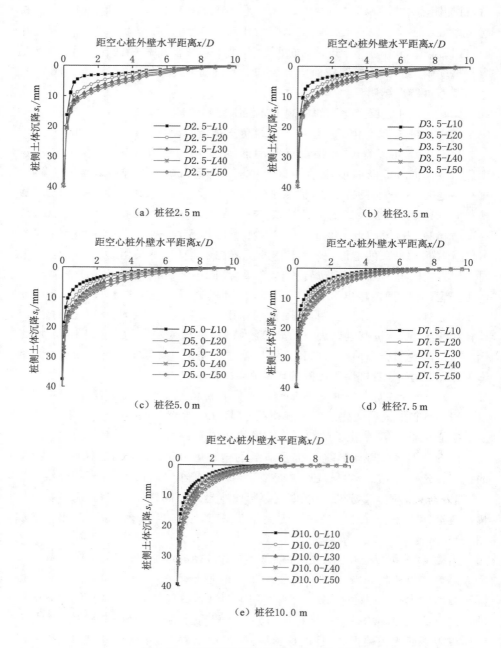

（a）桩径2.5 m

（b）桩径3.5 m

（c）桩径5.0 m

（d）桩径7.5 m

（e）桩径10.0 m

图 4-11　桩长变化下的桩侧土体沉降变形

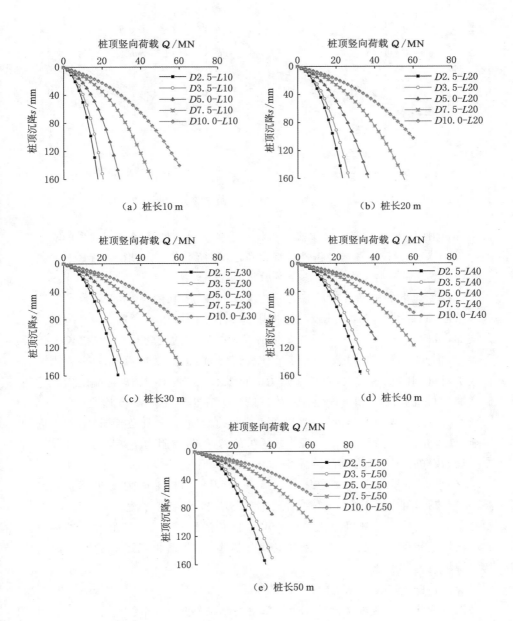

图 4-12　桩径变化下的桩基 $Q\text{-}s$ 曲线

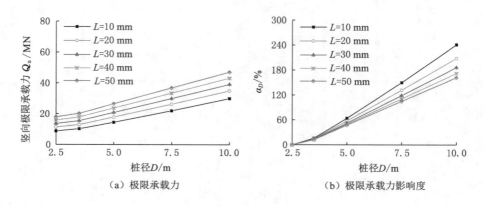

图 4-13　桩径变化下的竖向极限承载力变化规律

　　10.0 m 范围内,增加桩径亦是提高大直径空心独立复合桩基竖向承载力的有效措施,但基于对工程技术性与经济性的综合考虑,桩径不宜过大,取 5.0 m 较为合理。

　　（2）空心桩桩径变化下桩基分项承载力变化规律

　　桩径变化下的桩基分项承载力变化规律如图 4-14、图 4-15 所示。

　　由图 4-14 和图 4-15 可以看出,极限荷载作用下,随桩径增加,桩端阻力大幅增加,桩侧阻力在桩长小于 30 m 时呈现先减后增的变化规律,在桩长大于等于 30 m 时呈缓慢增加趋势。这说明桩长较小时,桩径增加对桩端的面积增大远快于对桩侧面积的增大,对桩端阻力的贡献远大于桩侧阻力,桩端阻力比重明显增加,而桩侧阻力比重相应减小,故桩侧阻力在桩径由 2.5 m 增至 3.5 m 时,出现不增反减的现象。当桩长一定时,随桩径的增加,长径比逐渐减小,桩端面积逐渐增加,桩基受力特性逐渐表现为端承桩的特性,桩端阻力增幅明显大于桩侧阻力增幅。以桩长 30 m 为例,当桩径从 2.5 m 逐步增至 10.0 m 时,桩侧阻力增加了 2.4%～93.6%,桩侧阻力比重由 85.5% 降至 57.8%;桩端阻力增加了 78.0%～731.4%,桩端阻力比重由 14.5% 增至 42.2%。桩长变化时,桩径从 2.5 m 逐步增至 10.0 m 时的桩侧阻力比重均较前一桩长的比重大,桩侧阻力与桩端阻力的变化幅度较前一桩长基本一致。上述分析表明,相同桩长下,长径比越小,桩基的端承特性越显著。

　　（3）空心桩桩径变化下的桩侧土体沉降变形特性

　　桩径变化下的地表平面桩侧土体沉降变形曲线如图 4-16 所示。

　　由图 4-16 可以看出,极限荷载作用下,由于桩-土间的摩擦作用,桩周土的变形沿径向向外逐渐减小,即在空间上桩侧土体的沉降变形近似为漏斗形分布。桩长一定时,随着桩径的增加,桩侧土体沉降变形分布曲线的弯曲程度减小。以

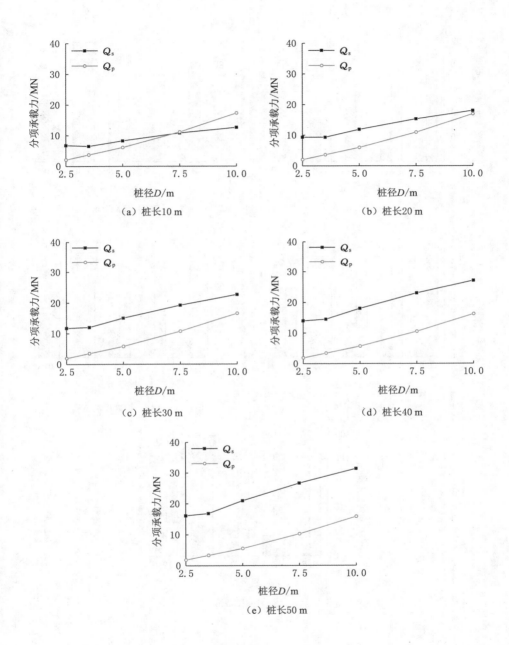

图 4-14 桩径变化下的分项承载力

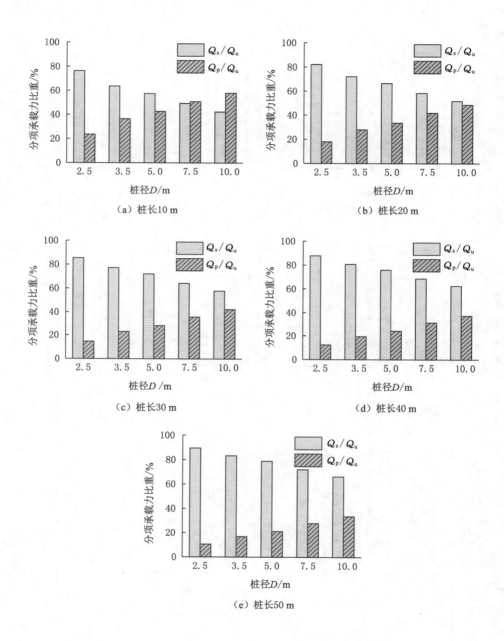

图 4-15　桩径变化下的分项承载力比重

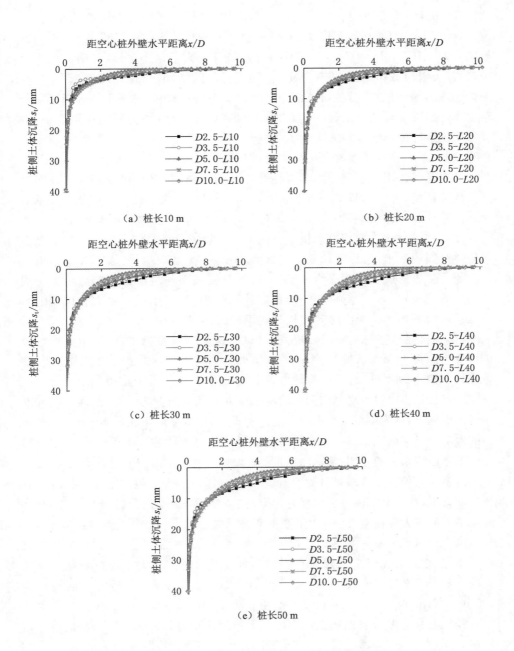

图 4-16　桩径变化下的桩侧土体沉降变形

桩长 30 m 为例,在 8D 范围内,随桩径的增加,桩侧土体的沉降逐渐减小,桩径由 2.5 m 增至 10.0 m 时,平均约比前一桩径相应位置土体沉降减小 1～2 mm;超出 8D 范围后,桩长对桩侧土体沉降变形特性的影响很小,可以忽略。上述分析表明,极限荷载作用下,桩长一定时,随着桩径的增加,长径比逐渐减小,桩基逐渐表现为端承桩特性,桩与桩侧土的摩擦作用相对减弱,桩侧土体沉降变形分布曲线弯曲程度减弱。桩径变化对桩侧土的沉降变形特性的影响作用较小,桩对桩周土沉降的影响在 8D 范围之内。

4.2.1.3 摩擦桩与端承桩判别方法的讨论

竖向荷载作用下桩基的力学特性是桩基与土体相互作用的问题,这一问题因荷载传递机理的不同,其受荷性状亦不同,这对桩的内力计算分析是十分重要的。按照荷载传递机理的不同,竖向荷载作用下的桩-土体系可有两类工作状态:一类是摩擦桩,表现为桩承担的竖向荷载主要通过桩身侧表面与土层的摩阻力传递给周围的土层,桩端承受的荷载很小;另一类是端承桩,表现为桩承担的竖向荷载主要通过桩端传递给土层,通过桩身侧表面与土层的摩阻力传递给周围土层的荷载较小。在对桩受竖向荷载计算分析时,常用桩侧阻力和桩端阻力占桩顶荷载的比例作为区分摩擦桩和端承桩的判据。

《公路桥涵地基与基础设计规范》(JTG 3363—2019)指出,桩按承载性状分类可分为摩擦桩和端承桩两类,认为摩擦桩的桩顶荷载主要由桩侧阻力承受,并考虑桩端阻力;端承桩的桩顶荷载主要由桩端阻力承受,并考虑桩侧阻力。我国《桩基工程手册》中将承受竖向荷载的桩按承载性状分类分为摩擦桩、端承桩和端承摩擦桩三类,认为摩擦桩的桩端承受荷载很小,比重一般不超过 10%;端承桩承担的大部分竖向荷载通过桩身直接传给基岩,桩基承载力主要由桩端提供,设计时一般不考虑侧阻力的作用;端承摩擦桩的桩侧阻力和桩端阻力的比重均较大。

以上规范的制定一般是针对直径在 2.0 m 以内的普通混凝土实心桩或小直径的钢管桩,且并未明确分项承载力比重的统一分界标准,而当桩径在 2.5～10.0 m 范围内的超大直径空心独立复合桩是否依然符合以上规律还值得进一步探讨。

本书力求找出一种简单、直观的划分摩擦桩与端承桩的方法,这种方法主要针对直径在 2.5 m 以上的超大直径空心独立复合桩。超大直径空心独立复合桩的一般桩径为 2.5～10.0 m,桩长在 10～50 m 的范围内。研究中取桩径为 2.5 m、3.5 m、5.0 m、7.5 m、10.0 m,桩长为 10 m、20 m、30 m、40 m、50 m 的超大直径空心独立复合桩基础三维有限单元模型进行分析。通过分析桩的各分项承载力比重判定其是摩擦桩还是端承桩,并尝试建立相应的判别标准。

由图 4-10、图 4-15 中不同桩径、不同桩长下的桩基分项承载力比重中可以得出,25 种桩体尺寸组合下(长径比变化范围为 1～20),超大直径空心独立复合桩的桩侧阻力比重范围在 $42.2\%\sim89.5\%$，与传统的摩擦桩的界定标准（桩侧阻力大于 90%）有所差异，且从总体来看，桩侧阻力比重 $p_c/p\geqslant70\%$ 时，摩擦桩特性更明显；桩侧比重 $p_c/p<70\%$ 时，摩擦桩特性减弱。当长径比 $L/D\geqslant6$ 时，桩侧阻力比重均大于 70%；当长径比 $L/D<6$ 时，除 $D2.5$-$L10$、$D3.5$-$L20$ 桩侧阻力比重大于 70% 外，其余尺寸下的桩侧比重均小于 70%，故初步按照长径比 $L/D=6$ 分类分析超大直径空心独立复合桩基础特性。

根据上述提出的摩擦桩和端承桩的分类标准，对本书不同桩长、桩径的桩基类别进行分类，见表 4-3。

表 4-3　超大直径空心独立复合桩基础类别划分

桩径 D/m	类别划分	桩长 L/m				
		10	20	30	40	50
2.5	长径比	4	8	12	16	20
	桩基类别	端承桩	摩擦桩	摩擦桩	摩擦桩	摩擦桩
3.5	长径比	2.9	5.7	8.6	11.4	14.3
	桩基类别	端承桩	端承桩	摩擦桩	摩擦桩	摩擦桩
5.0	长径比	2	4	6	8	10
	桩基类别	端承桩	端承桩	摩擦桩	摩擦桩	摩擦桩
7.5	长径比	1.3	2.7	4	5.3	6.7
	桩基类别	端承桩	端承桩	端承桩	端承桩	摩擦桩
10.0	长径比	1	2	3	4	5
	桩基类别	端承桩	端承桩	端承桩	端承桩	端承桩

根据以上分类方法，以桩径 5.0 m，桩长 10 m、30 m、50 m 为例，具体分析桩土各参数对不同类型桩基的竖向承载特性的影响。

4.2.2　注浆体参数变化下的超大直径空心独立复合桩竖向承载特性

4.2.2.1　注浆体厚度变化下的超大直径空心独立复合桩基竖向承载特性

（1）注浆体厚度变化下的桩基荷载-沉降（Q-s）特性

注浆体厚度变化下的桩基 Q-s 曲线如图 4-17 所示。

由图 4-17 可以看出，随着桩顶荷载的增加，各桩型下不同注浆体厚度变化时，桩基 Q-s 曲线变化规律相同，均呈现为缓变型。当荷载较小时，桩顶沉降近似呈线性增长，随着荷载的增大达到某一限值后沉降曲线先后呈现不同程度的非线性，沉降量增加幅值逐渐增大。注浆体厚度变化下的桩基竖向极限承载力变化规律如图 4-18 所示。

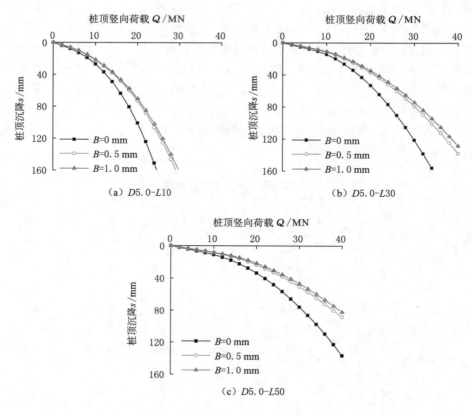

（a）$D5.0-L10$　　　　　　　　（b）$D5.0-L30$

（c）$D5.0-L50$

图 4-17　注浆体厚度变化下的 $Q\text{-}s$ 曲线

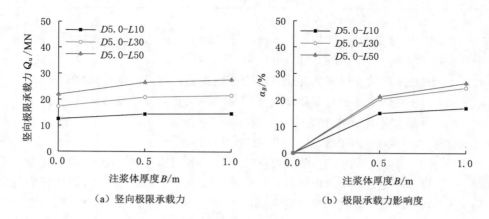

（a）竖向极限承载力　　　　　　　（b）极限承载力影响度

图 4-18　注浆体厚度变化下的竖向极限承载力变化规律

由图 4-18 可以看出,随注浆体厚度的增加,不同桩型的竖向承载力均呈增长趋势。注浆体厚度从未注浆($B=0$ m)逐步增至 1.0 m 时,对于摩擦桩,桩长 30 m 的极限承载力提高了 20.4%～24.6%;桩长 50 m 的极限承载力提高了 21.4%～26.4%。对于端承桩,桩长 10 m 的极限承载力变化较小,约提高了 15.1%～17.0%。

上述结果表明,注浆体厚度增加对摩擦桩极限承载力的提高作用大于端承桩。当注浆体厚度在 0.5 m 范围内增加时,桩基竖向极限承载力增幅较大;当注浆体厚度增大到 0.5 m 后,摩擦桩基竖向极限承载力仍会增加,但增幅较小,而端承桩的极限承载力几乎不变。这是由于桩顶竖向荷载主要由桩侧阻力和桩端阻力承担,注浆体厚度的增加在一定范围内可强化桩与桩侧土间的相互作用,提高桩侧阻力,故对摩擦桩承载力的影响大于端承桩。建议超大直径空心独立复合桩基础的桩侧注浆区范围取小于 0.5 m,桩长较大时可适当放大到 1 m。

（2）注浆体厚度变化下的桩基分项承载力变化规律

注浆体厚度变化下的桩基分项承载力变化规律如图 4-19、图 4-20 所示。

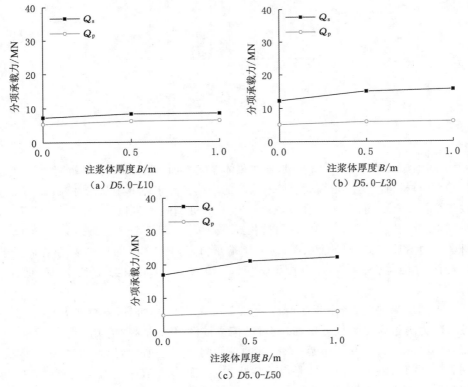

图 4-19　注浆体厚度变化下的分项承载力

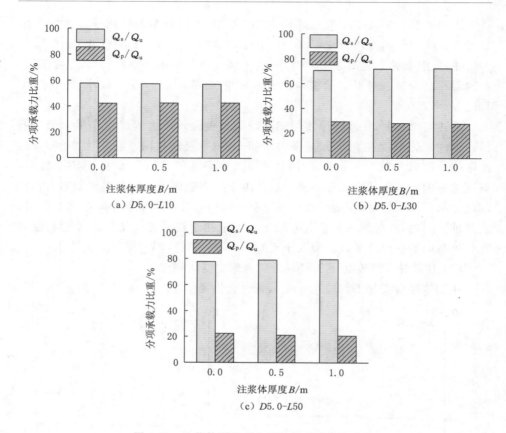

图 4-20　注浆体厚度变化下的分项承载力比重

由图 4-19、图 4-20 可以看出,随注浆体厚度增加,桩侧阻力和桩端阻力均呈增长趋势,且桩侧阻力的增幅大于桩端阻力的增幅。注浆体厚度从未注浆($B=0$ m)逐步增至 1.0 m 时,对于摩擦桩,桩长 30 m 的桩侧阻力增长了 22.5%～27.4%,桩端阻力增长了 15.4%～17.7%;桩长 50 m 的桩侧阻力增长了 32.4%～40.6%,桩端阻力增长了 13.7%～15.8%。对于端承桩,桩长 10 m 的桩端阻力增幅大于桩侧阻力增幅,桩侧阻力增长了 8.5%～9.4%,桩端阻力增长了 16.6%～19.2%。

上述结果表明,当注浆体厚度在 0.5 m 范围内增加时,摩擦桩与端承桩的桩侧阻力与桩端阻力均有增加,且对摩擦桩桩侧阻力的提高作用大于端承桩;当注浆体厚度增大到 0.5 m 后,摩擦桩的桩侧阻力仍会增加,但增幅减缓,而端承桩的桩侧阻力略有减小。这是由于注浆体厚度的增加在一定程度上可强化桩与桩侧土间的相互作用,提高桩侧阻力。但端承桩的桩长较小,提高作用不明显,故对摩擦桩承载力的影响大于端承桩。

（3）注浆体厚度变化下的桩侧土体沉降变形特性

注浆体厚度变化下的地表平面桩侧土体沉降变形曲线如图 4-21 所示。

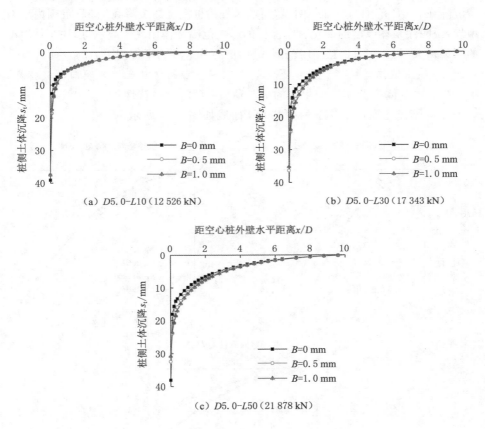

（a）$D5.0$-$L10$（12 526 kN）　　　　（b）$D5.0$-$L30$（17 343 kN）

（c）$D5.0$-$L50$（21 878 kN）

图 4-21　注浆体厚度变化下的桩侧土体沉降变形

由图 4-21 可以看出，在未注浆时的极限荷载作用下，桩侧土体沉降变形沿径向向外逐渐减小，呈漏斗形分布。对于摩擦桩，随注浆体厚度增加，桩侧土体最大沉降明显减小，在 $3.0D$ 范围内，桩侧土体沉降逐渐增加；大于 $3.0D$ 范围后，注浆体厚度增加对桩侧土体沉降的影响很小。注浆体厚度从未注浆（$B=0$ m）逐步增至 1.0 m 时，桩长 30 m 的桩侧土最大沉降减小了 $5.0\sim6.2$ mm；桩长 50 m 的桩侧土最大沉降减小了 $5.6\sim7.2$ mm。对于端承桩，桩长 10 m 的桩侧土体最大沉降减小了 $1.5\sim1.6$ mm，但随距桩壁距离的增加，桩侧土体沉降量变化很小，仅在 $1.0D$ 范围内略有增加；大于 $1.0D$ 后，注浆体厚度增加对桩侧土体沉降的影响可以忽略。

上述结果表明,随注浆体厚度的增加,摩擦桩与端承桩的桩侧土体最大沉降均逐渐减小,且摩擦桩的桩侧土体最大沉降的减小量大于端承桩;摩擦桩的桩侧土体沉降在 $3.0D$ 范围内增加较明显,而端承桩的桩侧土体沉降在 $1.0D$ 范围内略有增加,说明注浆体厚度的变化对摩擦桩的影响范围和作用大于端承桩,注浆体厚度的增加扩大了桩-土间相互作用范围,进而更充分地调动了桩侧阻力的发挥。

4.2.2.2 注浆体弹性模量变化下的超大直径空心独立复合桩基竖向承载特性

(1) 注浆体弹性模量变化下的桩基荷载-沉降(Q-s)特性

注浆体弹性模量变化下的桩基 Q-s 曲线如图 4-22 所示。

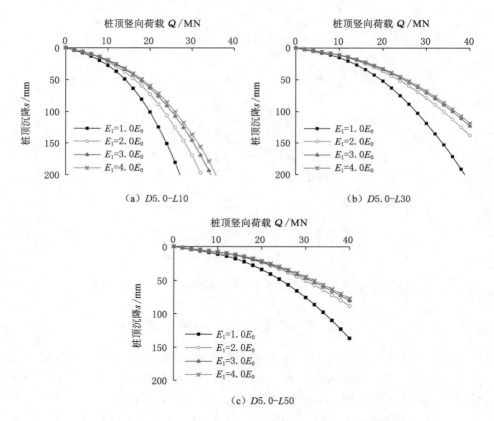

图 4-22　注浆体弹性模量变化下的 Q-s 曲线

由图 4-22 可以看出,随着桩顶荷载的增加,各桩型下不同注浆体弹性模量变化时,桩基 Q-s 曲线变化规律相同,均呈现为缓变型。当荷载较小时,桩顶沉降近似呈线性增长,随着荷载的增大达到某一限值后沉降曲线先后呈现不同程度的非线性,沉降量增加幅值逐渐增大。注浆体弹性模量变化下的桩基竖向极限承载力变化规律如图 4-23 所示。

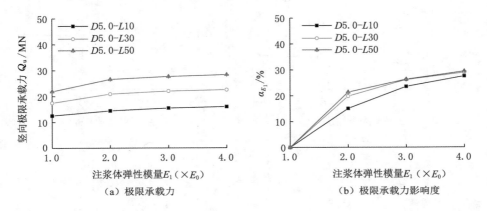

图 4-23　注浆体弹性模量变化下的竖向极限承载力变化规律

由图 4-23 可以看出,随注浆体弹性模量的增加,不同桩型的竖向承载力均呈增长趋势。注浆体弹性模量从未注浆($E_1 = 1.0E_0$)逐步增至 $4.0E_0$ 时,对于摩擦桩,桩长 30 m 的极限承载力提高了 19.8%～28.9%;桩长 50 m 的极限承载力提高了 21.4%～29.4%。对于端承桩,桩长 10 m 时,注浆体弹性模量增大到 $2.0E_0$ 后,桩的极限承载力迅速增长,增幅为 15.1%～27.6%。

上述结果表明,注浆体弹性模量的增加对摩擦桩与端承桩的极限承载力的提高作用明显,当注浆体弹性模量在 $3.0E_0$ 范围内增加时,桩基竖向承载力增幅较大;当注浆体弹性模量增大到 $3.0E_0$ 后,桩基竖向承载力增幅减缓。这是由于随注浆体弹性模量增加,虽然注浆体抗剪强度增加,但水泥搅拌桩及外侧土体的强度并未增加,此时对复合桩承载力起控制作用的是相对较薄弱的水泥搅拌桩及其外侧土体,故注浆体弹性模量达到一定范围后,竖向极限承载力的增幅趋缓。建议超大直径空心独立复合桩基础的注浆体弹性模量取 $(3.0～4.0)E_0$。

(2) 注浆体弹性模量变化下的桩基分项承载力变化规律

注浆体弹性模量变化下的桩基分项承载力变化规律如图 4-24、图 4-25 所示。

由图 4-24、图 4-25 可以看出,随注浆体弹性模量增加,摩擦桩和端承桩的桩侧阻力均呈增加趋势,桩端阻力呈先减后增的变化规律。注浆体弹性模量从未注浆($E_1 = 1.0E_0$)逐步增至 $4.0E_0$ 时,对于摩擦桩,桩长 30 m 的桩侧阻力增长了 21.9%～38.1%,桩端阻力增长了 6.7%～14.8%;桩长 50 m 的桩侧阻力增长了 32.2%～49.3%,桩端阻力增长了 6.8%～13.8%。对于端承桩,注浆体弹性

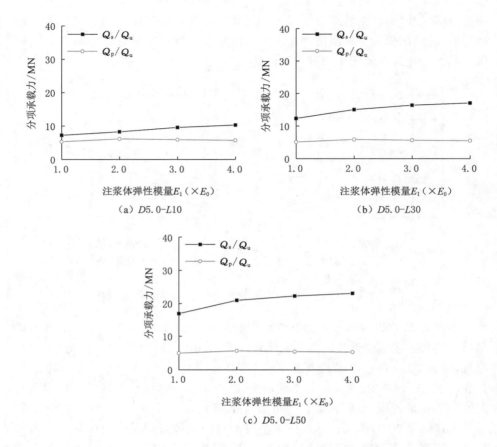

（a）$D5.0-L10$ 　　　　　　　　　（b）$D5.0-L30$

（c）$D5.0-L50$

图 4-24　注浆体弹性模量变化下的分项承载力

模量小于 $2.0E_0$ 时,桩侧阻力增幅较小,注浆体弹性模量大于 $2.0E_0$ 后,桩侧阻力迅速增长,增幅为 $8.5\%\sim24.7\%$,桩端阻力在 $7.9\%\sim16.5\%$ 范围内变化。

上述结果表明,当注浆体弹性模量在 $2.0E_0$ 范围内增加时,摩擦桩和端承桩的桩侧阻力与桩端阻力均有增加,且对摩擦桩的桩侧阻力的提高作用大于端承桩;当注浆体弹性模量增加到 $2.0E_0$ 后,桩侧阻力继续增加,而桩端阻力逐渐减小,这是由于注浆体弹性模量的增加使桩侧阻力更易发挥,而桩侧阻力先于桩端阻力发挥,故桩侧阻力出现了先增后减的现象;注浆体弹性模量大于 $3.0E_0$ 后,桩侧阻力的增幅与桩端阻力的减幅均逐渐放缓。

（3）注浆体弹性模量变化下的桩侧土体沉降变形特性

注浆体弹性模量变化下的地表平面桩侧土体沉降变形曲线如图 4-26 所示。

由图 4-26 可以看出,在未注浆时极限荷载作用下,桩侧土体沉降变形沿径

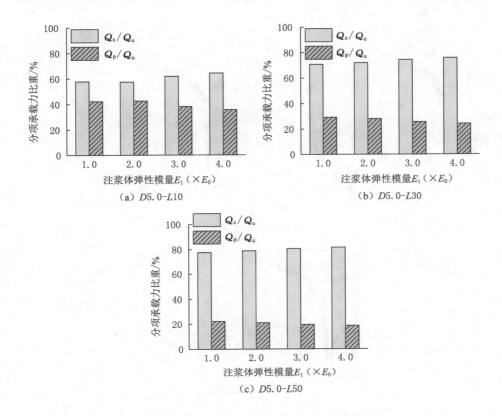

图 4-25　注浆体弹性模量变化下的分项承载力比重

向向外逐渐减小,呈漏斗形分布。对于摩擦桩,随注浆体弹性模量增加,桩侧土体最大沉降明显减小,在 $3.0D$ 范围内,桩侧土体沉降逐渐增加;大于 $3.0D$ 范围后,注浆体弹性模量增加对桩侧土体沉降的影响很小。注浆体弹性模量从未注浆($E_1 = 1.0E_0$)逐步增至 $4.0E_0$ 时,桩长 30 m 的桩侧土最大沉降减小了 $2.0 \sim 5.5$ mm;桩长 50 m 的桩侧土最大沉降减小了 $1.4 \sim 6.0$ mm。对于端承桩,桩长 10 m 的桩侧土体最大沉降减小了 $1.6 \sim 7.4$ mm,但随距桩壁的增加,桩侧土体沉降量变化很小,仅在 $1.0D$ 范围内略有增加;大于 $1.0D$ 后,注浆体弹性模量增加对桩侧土体沉降的影响可以忽略。

上述结果表明,随注浆体弹性模量的增加,摩擦桩与端承桩的桩侧土体最大沉降均逐渐减小;摩擦桩的桩侧土体沉降在 $3.0D$ 范围内增加较明显,而端承桩的桩侧土体沉降仅在 $1.0D$ 范围增加,且增量较小。这说明注浆体弹性模量的变化对摩擦桩的影响范围和作用大于端承桩,注浆体弹性模量的增大增强了桩-

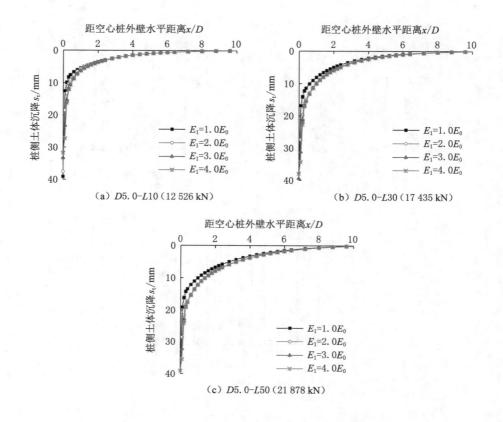

（a）$D5.0-L10$（12 526 kN）　　　　（b）$D5.0-L30$（17 435 kN）

（c）$D5.0-L50$（21 878 kN）

图 4-26　注浆体弹性模量变化下的桩侧土体沉降变形

土间相互作用，进而更充分地调动了桩侧阻力的发挥，这与前文所得规律一致。

4.2.3　水泥搅拌桩参数变化下的超大直径空心独立复合桩竖向承载特性

4.2.3.1　水泥搅拌桩桩长变化下的超大直径空心独立复合桩基竖向承载特性

（1）水泥搅拌桩桩长变化下的桩基荷载-沉降（Q-s）特性

水泥搅拌桩桩长变化下的桩基 Q-s 曲线如图 4-27 所示。

由图 4-27 可以看出，随着桩顶荷载的增加，各桩型下不同水泥搅拌桩桩长变化时，桩基 Q-s 曲线变化规律相同，均呈现为缓变型。当荷载较小时，桩顶沉降近似呈线性增长，随着荷载的增大达到某一限值后沉降曲线先后呈现不同程度的非线性，沉降量增加幅值逐渐增大。水泥搅拌桩桩长变化下的桩基竖向极限承载力变化规律如图 4-28 所示。

由图 4-28 可以看出，随着水泥搅拌桩桩长的增加，不同桩型的竖向承载力均呈增长趋势，摩擦桩的极限承载力增幅大于端承桩基承载力增幅。水泥搅拌

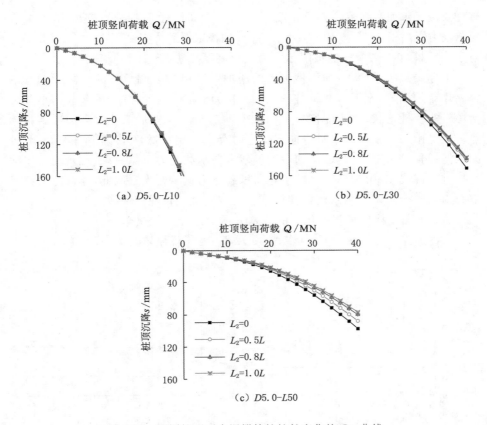

图 4-27　不同桩型下水泥搅拌桩桩长变化的 Q-s 曲线

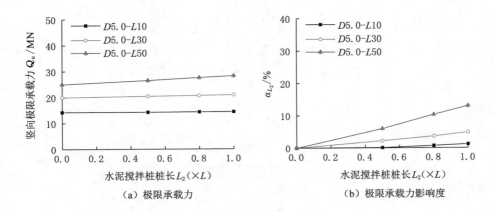

图 4-28　水泥搅拌桩桩长变化下的竖向极限承载力变化规律

桩桩长由无水泥搅拌桩($L_2=0$ m)逐步增至 $1.0L$ 时,对于摩擦桩,桩长 30 m 的极限承载力提高了 $2.3\%\sim4.9\%$;桩长 50 m 的极限承载力提高了 $6.0\%\sim13.0\%$。对于端承桩,桩长 10 m 的极限承载力仅提高了 $0.1\%\sim1.2\%$。

上述结果表明,水泥搅拌桩桩长的增加对摩擦桩与端承桩的极限承载力的提高作用较弱,当水泥搅拌桩桩长在$(0\sim1.0)L$ 范围内变化时,桩基竖向承载力增幅呈非线性增长;当水泥搅拌桩桩长大于 $0.5L$ 后,桩基承载力有加速增长趋势。这是由于桩顶荷载沿桩身向下传递时存在一定扩散,距桩壁外侧 0.5 m 处的水泥搅拌桩上部($L_2\leqslant0.5L$ 时)对桩基竖向承载能力贡献有限,相对而言水泥搅拌桩下部($L_2>0.5L$ 时)对桩基竖向承载能力贡献较大。因此,建议超大直径空心独立复合桩基础的水泥搅拌桩桩长与空心桩桩长保持一致。

（2）水泥搅拌桩桩长变化下的桩基分项承载力变化规律

水泥搅拌桩桩长变化下的桩基分项承载力变化规律如图 4-29、图 4-30 所示。

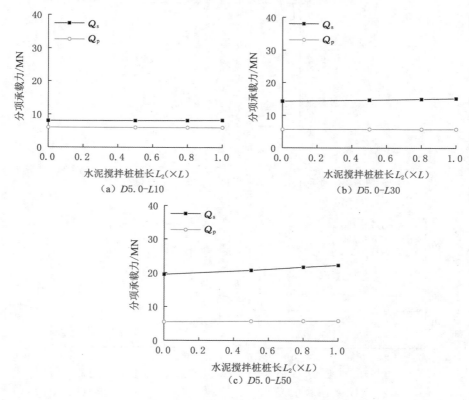

（a）$D5.0-L10$

（b）$D5.0-L30$

（c）$D5.0-L50$

图 4-29　水泥搅拌桩桩长变化下的分项承载力

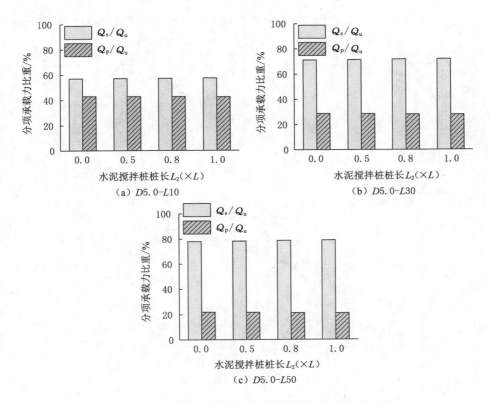

图 4-30　水泥搅拌桩桩长变化下的分项承载力比重

由图 4-29 和图 4-30 可以看出,随着水泥搅拌桩桩长的增加,摩擦桩和端承桩的桩侧阻力均呈增长趋势,桩端阻力呈减小趋势。水泥搅拌桩桩长从无水泥搅拌桩($L_2 = 0$ m)逐步增至 $1.0L$ 时,对于摩擦桩,桩长 30 m 的桩侧阻力增加了 $2.5\% \sim 6.1\%$,桩端阻力增加了 $1.6\% \sim 1.9\%$;桩长 50 m 的桩侧阻力增加了 $8.8\% \sim 19.8\%$,桩端阻力增加了 $4.4\% \sim 7.7\%$。对于端承桩,桩长 10 m 的桩侧阻力增加了 $0.2\% \sim 1.1\%$,桩端阻力变化不大。

上述结果表明,水泥搅拌桩桩长的增加对桩侧阻力的提高作用较弱,对桩端阻力的影响不明显。当水泥搅拌桩桩长在$(0 \sim 1.0)L$ 范围内变化时,桩侧阻力增幅呈非线性增长;当水泥搅拌桩桩长大于 $0.5L$ 后,桩侧阻力有加速增长趋势。这是由于桩顶荷载沿桩身向下传递时存在一定扩散,距桩壁外侧 0.5 m 处的水泥搅拌桩上部($L_2 \leqslant 0.5L$ 时)对桩侧阻力贡献有限,相对而言水泥搅拌桩下部($L_2 > 0.5L$ 时)对桩侧阻力贡献较大。

（3）水泥搅拌桩桩长变化下的桩侧土体沉降变形特性

水泥搅拌桩桩长变化下的地表平面桩侧土体沉降变形曲线如图 4-31 所示。

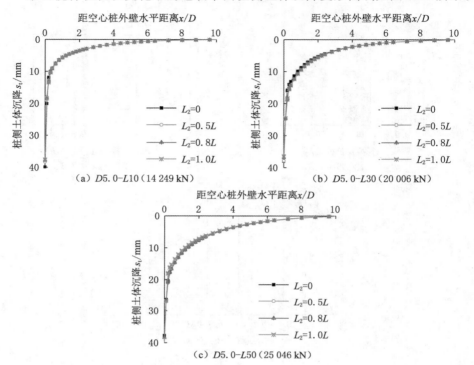

（a）$D5.0\text{-}L10$（14 249 kN）   （b）$D5.0\text{-}L30$（20 006 kN）

（c）$D5.0\text{-}L50$（25 046 kN）

图 4-31   水泥搅拌桩桩长变化下的桩侧土体沉降变形

由图 4-31 可以看出,在各桩型无水泥搅拌桩时的极限荷载作用下,桩侧土体沉降变形沿径向向外逐渐减小,呈漏斗形分布。水泥搅拌桩桩长从无水泥搅拌桩（$L_2 = 0$ m）逐步增至 1.0L 时,各桩型下的桩侧土体最大沉降略有减小,平均减小 1.0～2.2 mm。这说明水泥搅拌桩桩长的变化对桩侧土体沉降变形特性的影响很小,可忽略不计。

4.2.3.2   水泥搅拌桩弹性模量变化下的超大直径空心独立复合桩基竖向承载特性

（1）水泥搅拌桩弹性模量变化下的桩基荷载-沉降（$Q\text{-}s$）特性

水泥搅拌桩弹性模量变化下的桩基 $Q\text{-}s$ 曲线如图 4-32 所示。

由图 4-32 可以看出,随着桩顶荷载的增加,各桩型下不同水泥搅拌桩弹性模量变化时,桩基 $Q\text{-}s$ 曲线变化规律相同,均呈现为缓变型。当荷载较小时,桩顶沉降近似呈线性增长,随着荷载的增大达到某一限值后沉降曲线先后呈现不同程度的非线性,沉降量增加幅值逐渐增大。水泥搅拌桩弹性模量变化下的桩基竖向极限承载力变化规律如图 4-33 所示。

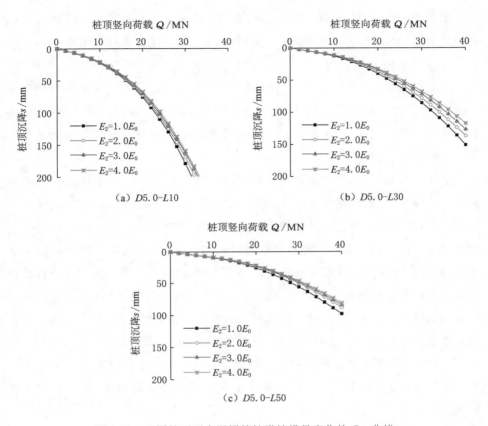

图 4-32　不同桩型下水泥搅拌桩弹性模量变化的 $Q\text{-}s$ 曲线

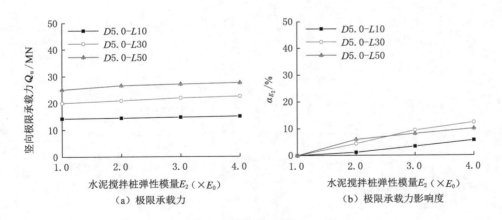

图 4-33　水泥搅拌桩弹性模量变化下的竖向极限承载力变化规律

由图 4-33 可以看出,随水泥搅拌桩弹性模量的增加,不同桩型的竖向承载力均呈增长趋势,摩擦桩的极限承载力增幅大于端承桩基承载力增幅。水泥搅拌桩弹性模量由无水泥搅拌桩($E=1.0E_0$)逐步增至 $4.0E_0$ 时,对于摩擦桩,桩长 30 m 的极限承载力提高了 $4.4\%\sim12.3\%$;桩长 50 m 的极限承载力提高了 $6.0\%\sim10.1\%$。对于端承桩,桩长 10 m 时,水泥搅拌桩弹性模量较小时,桩的极限承载力增幅较小,当水泥搅拌桩弹性模量增大到 $2.0E_0$ 后,桩的极限承载力迅速增长,增幅为 $1.2\%\sim5.7\%$。

上述结果表明,水泥搅拌桩弹性模量的增加对摩擦桩与端承桩的极限承载力有一定提高,当水泥搅拌桩弹性模量在 $3.0E_0$ 范围内增加时,桩基竖向承载力增幅较大;当水泥搅拌桩弹性模量大于 $3.0E_0$ 后,桩基竖向承载力仍会增加,但增幅较小。这是由于随水泥搅拌桩弹性模量的增加,虽然水泥搅拌桩抗剪强度增加,但注浆体及水泥搅拌桩外侧土体强度并未随之增加,即此时对复合桩承载力起控制作用的是相对较薄弱的注浆体及水泥搅拌桩外侧土体,水泥搅拌桩弹性模量达到一定范围后,竖向极限承载力的增长速度减缓。因此,建议超大直径空心独立复合桩基础的水泥搅拌桩弹性模量取 $(3.0\sim4.0)E_0$。

（2）水泥搅拌桩弹性模量变化下的桩基分项承载力变化规律

水泥搅拌桩弹性模量变化下的桩基分项承载力变化规律如图 4-34、图 4-35 所示。

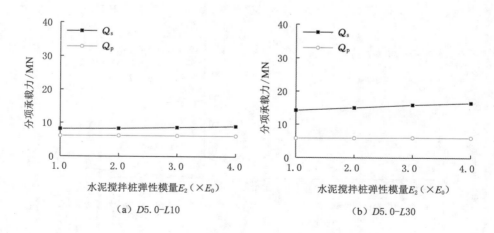

图 4-34 水泥搅拌桩弹性模量变化下的分项承载力

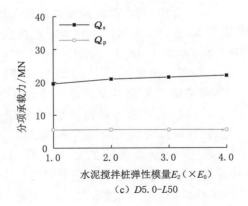

（c）D5.0-L50

图 4-34   （续）

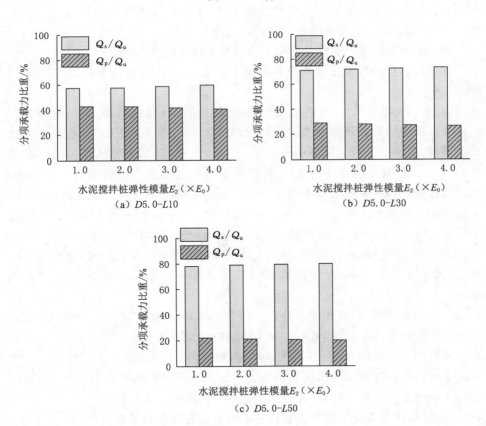

图 4-35   水泥搅拌桩弹性模量变化下的分项承载力比重

由图 4-34 和图 4-35 可以看出,随水泥搅拌桩弹性模量增加,摩擦桩和端承桩的桩侧阻力均呈增加趋势,桩端阻力呈减小趋势。水泥搅拌桩弹性模量由无水泥搅拌桩($E=1.0E_0$)逐步增至 $4.0E_0$ 时,对于摩擦桩,桩长 30 m 的桩侧阻力增长了 $5.6\%\sim16.1\%$,桩端阻力增加了 $1.4\%\sim3.1\%$;桩长 50 m 的桩侧阻力增长了 $10.1\%\sim17.7\%$,桩端阻力变化不大。对于端承桩,桩长 10 m 时,水泥搅拌桩弹性模量小于 $2.0E_0$ 时,桩侧阻力增幅较小;水泥搅拌桩弹性模量大于 $2.0E_0$ 后,桩侧阻力迅速增长,增幅为 $0.8\%\sim5.7\%$,桩端阻力变化不大。

上述结果表明,当水泥搅拌桩弹性模量在 $3.0E_0$ 范围内增加时,桩侧阻力增幅较大;当水泥搅拌桩弹性模量大于 $3.0E_0$ 后,桩侧阻力仍会增加,但增幅放缓。这是由于随水泥搅拌桩弹性模量增加,虽然水泥搅拌桩抗剪强度增加,但注浆体及水泥搅拌桩外侧土体强度并未随之增加,即此时对桩侧阻力起控制作用的是相对较薄弱的注浆体及水泥搅拌桩外侧土体,水泥搅拌桩弹性模量达到一定范围后,桩侧阻力的增长速度会逐渐下降。

(3) 水泥搅拌桩弹性模量变化下的桩侧土体沉降变形特性

水泥搅拌桩弹性模量变化下的地表平面桩侧土体沉降变形曲线如图 4-36 所示。

由图 4-36 可以看出,在各桩型无水泥搅拌桩的极限荷载作用下,桩侧土体沉降变形沿径向向外逐渐减小,呈漏斗形分布。对于摩擦桩,随水泥搅拌桩弹性模量增加,桩侧土体最大沉降明显减小,在 3.0D 范围内,桩侧土体沉降逐渐增加;大于 3.0D 范围后,水泥搅拌桩弹性模量增加对桩侧土体沉降的影响很小。水泥搅拌桩弹性模量由无水泥搅拌桩($E=1.0E_0$)逐步增至 60 MPa 时,桩长 30 m 的桩侧土体最大沉降减小了 $1.5\sim4.4$ mm;桩长 50 m 的桩侧土体最大沉降减小了 $2.7\sim5.3$ mm。对于端承桩,桩长 10 m 的桩侧土体最大沉降减小了 $2.3\sim5.1$ mm,但随桩壁距离的增加,桩侧土体沉降量变化很小,在 1.0D 范围内略有增加;大于 1.0D 后,水泥搅拌桩弹性模量增加对桩侧土体沉降的影响可以忽略。

上述结果表明,随水泥搅拌桩弹性模量的增加,摩擦桩与端承桩的桩侧土体最大沉降均逐渐减小;摩擦桩的桩侧土体沉降在 3.0D 范围内增加较明显,而端承桩的桩侧土体沉降在 1.0D 范围内增加,且增量较小,说明水泥搅拌桩弹性模量的变化对摩擦桩的影响范围和作用大于端承桩,水泥搅拌桩弹性模量的增大提高了桩侧土体强度,进而更充分地调动了桩侧阻力的发挥。

4.2.4 桩体类型变化下的超大直径空心独立复合桩竖向承载特性

4.2.4.1 桩体类型变化下的桩基荷载-沉降(Q-s)特性

为探明桩周注浆体、水泥搅拌桩对超大直径空心独立复合桩竖向承载特性

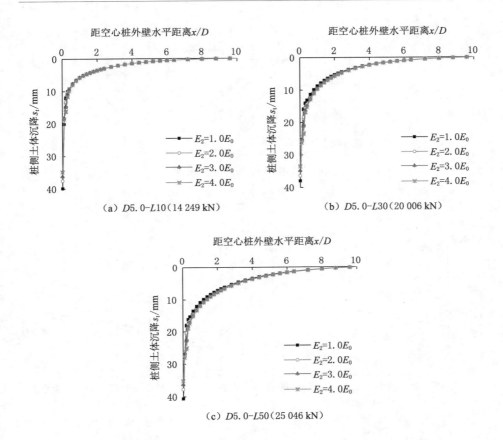

图 4-36　水泥搅拌桩弹性模量变化下的桩侧土体沉降变形

的影响程度,选择空心桩、空心桩+注浆体、复合桩三种桩体类型进行分析,以桩径 5.0 m、桩长 30 m 为例,得到桩体类型变化下的超大直径空心独立复合桩的 $Q\text{-}s$ 曲线如图 4-37 所示。

　　由图 4-37 可以看出,随着桩顶荷载的增加,不同工况下的桩基 $Q\text{-}s$ 曲线变化规律差异较大,当荷载较小时,桩顶沉降近似呈线性增长,随着荷载的增大达到某一限值后 $Q\text{-}s$ 曲线呈现不同程度的非线性,沉降量增加幅值逐渐增大。桩基竖向极限承载力变化规律如图 4-38 所示。

　　由图 4-38 可以看出,桩长、桩径一定时,表现为随桩侧土体物理力学性质不断改善,桩的极限承载力逐渐增大。与空心桩相比,空心桩+注浆体与复合桩基竖向极限承载力有明显提高,空心桩+注浆体和复合桩基竖向极限承载力分别提高了 15.3% 和 20.4%。这是由于注浆体和外围水泥搅拌桩的存在改善了空

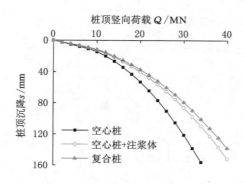

图 4-37　桩体类型变化下的桩基 $Q\text{-}s$ 曲线

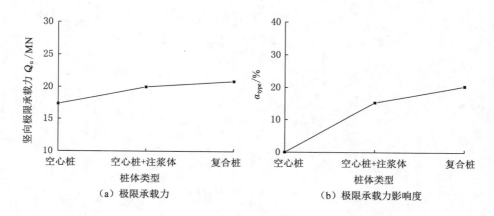

（a）极限承载力　　　　　　　　　（b）极限承载力影响度

图 4-38　竖向极限承载力变化规律

心桩周围土体的物理力学性质,强化了桩与桩侧土间的相互作用,也说明在承载能力方面超大直径空心独立复合桩相比传统的空心桩和空心桩+注浆体具有明显优势。

4.2.4.2　桩体类型变化下的桩基分项承载力变化规律

桩体类型变化下的桩基分项承载力变化规律如图 4-39、图 4-40 所示。

由图 4-39、图 4-40 可看出,随桩侧土体物理力学性质不断改善,桩侧阻力逐渐增加,相应的桩端阻力略有减小,且桩侧阻力的变化幅度大于桩端阻力的变化幅度。与空心桩对比,空心桩+注浆体和复合桩的桩侧阻力分别增加了20.7%和27.4%,桩端阻力分别增加了 4.0% 和 5.5%。这说明随着桩侧土体改善,桩-土间相互作用增强,桩顶荷载主要由桩侧阻力承担,桩侧阻力会逐渐提高,桩侧阻力比重也随之增加。

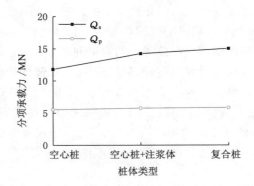

图 4-39　不同桩体类型的分项承载力

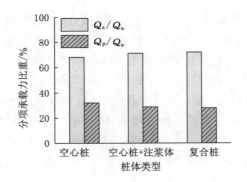

图 4-40　不同土体类别下不同工况的分项承载力比重

4.2.4.3　桩体类型变化下的桩侧土体沉降变形特性

不同工况的桩侧土体沉降变形曲线与变化规律如图 4-41 所示。

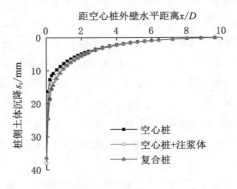

图 4-41　不同桩体类型下桩侧土体沉降变形对比

由图 4-41 可以看出,竖向荷载作用下,由于桩-土间摩擦作用,桩周土的变形沿径向向外逐渐减小,且该影响范围在 8 倍的桩径之内。相同荷载作用下,各工况同一空间点的竖向位移存在差异。与空心桩对比,空心桩+注浆体和复合桩的桩侧土体沉降位移差沿径向向外逐渐减小,且复合桩的位移变量大于空心桩+注浆体的位移变量。差异变形主要集中在与桩外壁距离 0.2D(1 m)范围内,其原因是在距桩外壁 1 m 的范围内土体物理力学性质增强;距离桩外壁超过 1D 后,各工况下桩侧土体的竖向沉降差值不大;距离桩外壁超过 2.5D 后,各工况下桩侧土体竖向沉降差异较小,可忽略不计。

4.3 横向荷载作用下超大直径空心独立复合桩基承载特性

4.3.1 空心桩尺寸参数变化下的超大直径空心独立复合桩横向承载特性

4.3.1.1 空心桩桩长变化下的超大直径空心独立复合桩横向承载特性

(1)空心桩桩长变化下的桩基荷载-位移(H-Y)特性

空心桩桩长变化下的 H-Y 曲线如图 4-42 所示。

由图 4-42 可以看出,随着桩顶荷载的增加,各桩径下不同桩长桩基 H-Y 曲线变化规律相似,表现为随着桩长的增加,桩顶水平位移呈增加趋势。当荷载较小时,桩顶水平位移近似呈线性增长,随着荷载的增大达到某一限值后位移曲线呈现不同程度非线性,位移量增幅逐渐增大。空心桩桩长变化下的桩基横向极限承载力变化规律如图 4-43 所示。

由图 4-43 可以看出,在一定范围内随桩长的增加,桩基横向极限承载力增加较快,超出该范围后,承载力仍呈增加趋势,但增幅逐渐减小。以桩径 5.0 m 为例,桩长从 10 m 逐步增至 50 m 时,桩基横向极限承载力增加了 29.4%~46.9%。桩径在 2.5~5.0 m 范围内变化时,桩长由 10 m 逐步增至 50 m 时的极限承载力增幅均较前一桩径的增幅大,且桩长增至 30 m 后,继续增加桩长对桩基横向承载力的提高程度不大,这是由于当桩径较小时,桩长增加,长径比随之增加,桩基逐渐表现为弹性长桩的承载性状,桩的相对刚度较小,桩侧土有足够大的抗力,桩身发生挠曲变形,其侧向位移随着入土深度增大而逐渐减小,达到一定深度后,几乎不受荷载影响;桩径在 5.0~10.0 m 范围内变化时,桩长由 10 m 逐步增至 50 m 时的极限承载力增幅均较前一桩径的增幅小,且桩长增至 40 m 后,继续增加桩长,桩基横向承载力增幅减缓,这是由于桩径较大时,桩长增加,长径比增加幅度并不显著,仅增至 6.7(桩径 7.5 m、桩长 50 m),桩基表现为刚性短桩的承载性状,桩的相对刚度较大,受横向荷载作用时桩身挠曲变形不明显,桩基横向承载力可能由桩侧土的强度及稳定性决定。超大直径空心独立复合桩的

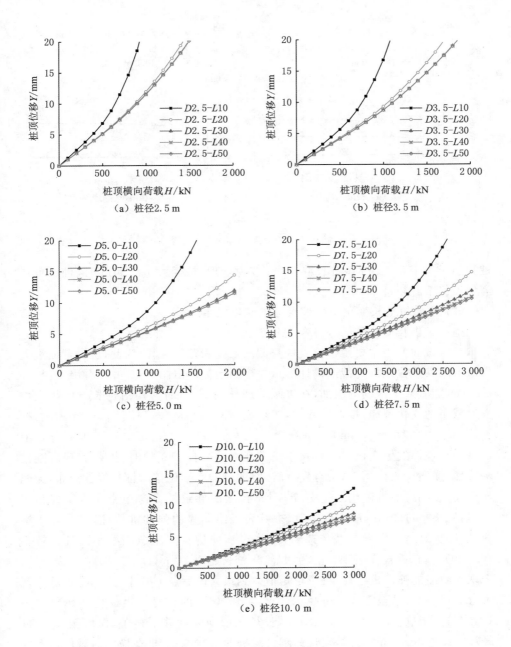

图 4-42　桩长变化下的桩基 H-Y 曲线

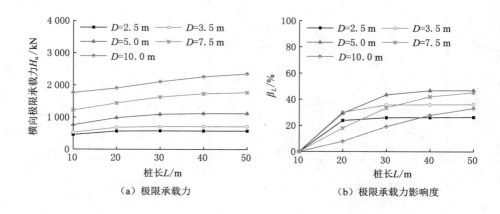

（a）极限承载力　　　　　　　　　（b）极限承载力影响度

图 4-43　桩长变化下的横向极限承载力变化规律

桩径小于等于 5.0 m 时，桩长取 30 m 较为合理；桩径大于 5.0 m 时，桩长可适当增加但不宜超过 40 m。

（2）空心桩桩长变化下的桩身弯矩变化规律

空心桩桩长变化下的桩身弯矩分布规律如图 4-44 所示。

桩身截面弯矩主要用于检验桩身截面强度和配筋计算，为此，桩身截面最大弯矩值及其位置是桩身截面设计的重要控制指标。由图 4-44 可以看出，当桩径一定时，随着入土深度的增加，在极限荷载作用下，桩身弯矩沿桩长方向呈先增大后减小的变化规律，接近桩底时，弯矩值减至最小值。以桩径 5.0 m 为例，桩长从 10 m 逐步增至 50 m 时，桩身弯矩最大值增加了 20.5%～50.0%，弯矩沿桩身分布规律发生变化。当桩长小于等于 30 m（$L/D \leqslant 6$）时，桩基表现出刚性桩特性，横向荷载作用下，桩身发生转动，即桩的水平位移沿桩长线性分布，无明显突变点，相应的桩侧土抗力分布较均匀，从而导致桩身弯矩变化规律变化较缓；当桩长超过 40 m（$L/D > 8$）时，桩基表现出明显的弹性桩特性，桩身发生挠曲，能够更好地把横向荷载传递给侧向土层，使桩身弯矩急剧减小。桩径较小（2.5 m）时，这一规律表现得更为明显，当桩长超过 20 m（$L/D > 8$）时，桩基即已表现为明显的弹性桩特性，桩身弯矩值达到最大值后急剧减小，达到零点后出现负弯矩，最后衰减至零。而桩径 7.5 m 与 10.0 m 的桩身弯矩变化规律较为一致，这是由于桩径较大时，桩长增加，长径比增加幅度并不显著，仅增至 6.7（桩径 7.5 m，桩长 50 m），桩基表现为刚性短桩的承载性状，桩在横向荷载作用下发生转动，桩身下部弯矩未产生负弯矩。因此，桩径 7.5 m 与 10.0 m 的桩身弯矩最大值增幅较 2.5 m 与 3.5 m 下的增幅要大。

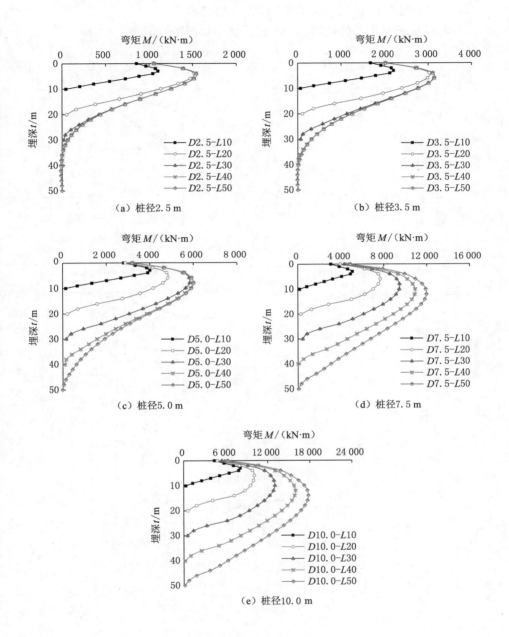

图 4-44 桩长变化下的桩身弯矩

（3）空心桩桩长变化下的桩侧土抗力变化规律

空心桩桩长变化下的桩侧土抗力变化规律如图 4-45 所示。

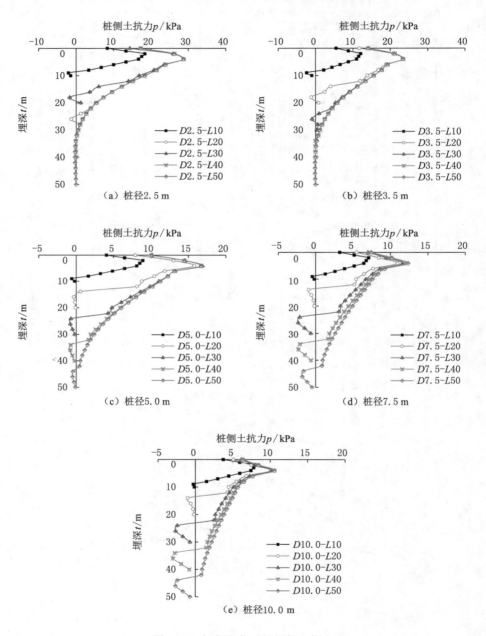

图 4-45　桩长变化下的桩侧土抗力

由图 4-45 可以看出,当桩径一定时,随着入土深度的增加,在极限荷载作用下,桩侧土抗力沿桩长方向先快速增大到最大值后又急剧减小。当桩长较短时,在桩底附近发生突变出现土抗力负的最大值,然后逐渐减小到零,说明此时在横向荷载作用下桩基表现为刚性桩,桩身绕水平位移零点发生转动,桩底处产生负向位移,桩后土受挤压,因此桩受到桩后土产生的负向土压力,且土抗力突变点位于桩身水平位移零点附近;而桩长较长时,土抗力从正的最大值先急剧减小,然后逐渐趋于零,无明显突变,说明此时在横向荷载作用下桩基表现为弹性桩特性,桩身发生挠曲,桩身下部位移很小,且无明显负向位移。以桩径 5.0 m 为例,桩长从 10 m 逐步增至 50 m 时,桩侧土抗力最大值均出现在距桩顶 2～4 m 处,其值增加了 77.4%～87.6%。当桩长小于等于 40 m($L/D \leqslant 8$)时,土抗力在桩身底部发生明显突变,出现负的最大值,当桩长为 50 m($L/D=10$)时,桩侧土抗力无明显突变。当桩径较小(2.5 m、3.5 m)时,桩长超过 30 m 后即已表现出弹性桩特性,桩侧土抗力无明显突变;而桩径较大(7.5 m、10.0 m)时,在所有桩长工况下,桩侧土抗力均发生突变,出现了负的最大值。

(4) 空心桩桩长变化下的桩身水平位移变化规律

空心桩桩长变化下的桩身水平位移变化规律如图 4-46 所示。

由图 4-46 可以看出,当桩径一定时,随着入土深度的增加,极限荷载作用下,桩身水平位移急剧减小,但不同桩长下的变化规律有所不同。桩长越小,桩基越表现为刚性桩特性,桩身绕某一点发生转动,桩身水平位移呈线性分布;而桩长越大,桩基特性越表现为弹性桩特性,横向荷载作用下,桩身发生挠曲,桩身位移曲线在第一位移零点下部出现负向增长后趋于零。以 5.0 m 桩径为例,桩长小于 30 m($L/D<6$)时,桩基表现为刚性桩特性,桩身水平位移呈线性变化,并在桩底出现负的最大值,而桩长大于 30 m($L/D>6$)时,桩基表现为弹性桩特性,桩身水平位移呈曲线变化,达到第一个零点后,出现反向增加后又逐渐减小并趋于零;桩长 30 m 时,桩身水平位移规律介于两者之间。桩径较小(2.5 m、3.5 m)时,桩长大于 20 m 即表现为弹性桩特性,而桩径较大(7.5 m、10.0 m)时,桩长达到 50 m 时还未明显表现出弹性桩特性,处于刚柔过渡阶段。当桩长 10 m、桩径 10.0 m 时,桩身水平位移整体呈线性减小规律,但始终保持正值,可能原因是在此长径比($L/D=1$)下,复合桩更接近于扩大基础,由于过大的抗倾覆能力,使桩基在一定程度产生整体水平位移。

4.3.1.2　空心桩桩径变化下的超大直径空心独立复合桩横向承载特性

(1) 空心桩桩径变化下的桩基荷载-位移(H-Y)特性

空心桩桩径变化下的 H-Y 曲线如图 4-47 所示。

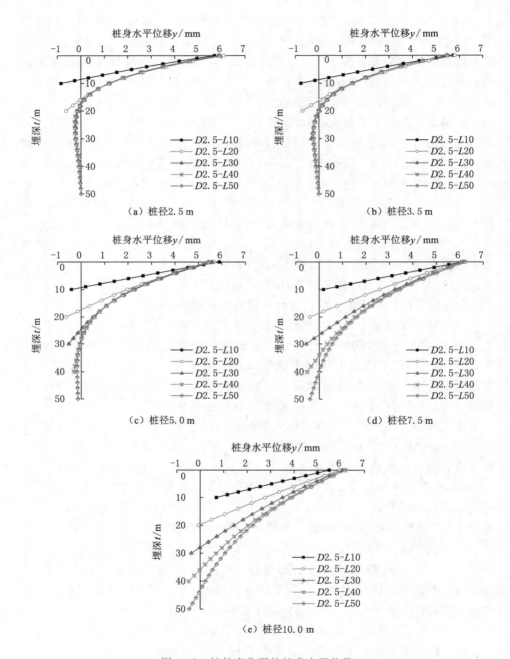

图 4-46　桩长变化下的桩身水平位移

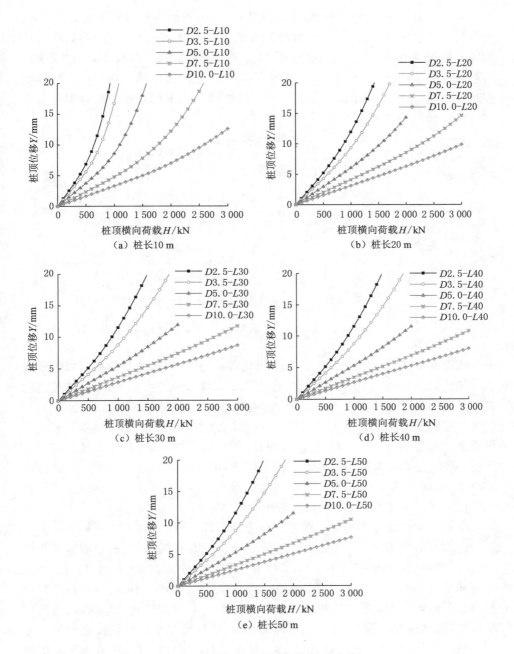

图 4-47　桩径变化下的桩基 H-Y 曲线

由图 4-47 可以看出,随着桩顶荷载的增加,各桩径下不同桩长桩基 H-Y 曲线变化规律相同,各桩长下不同桩径的桩基 H-Y 曲线变化规律亦相同,均表现为随着桩长、桩径的增加,桩顶水平位移呈增加趋势。当荷载较小时,桩顶水平位移近似呈线性增长,随着荷载的增大达到某一限值后位移曲线呈现不同程度非线性,位移量增加幅值逐渐增大。空心桩桩径变化下的桩基横向极限承载力变化规律如图 4-48 所示。

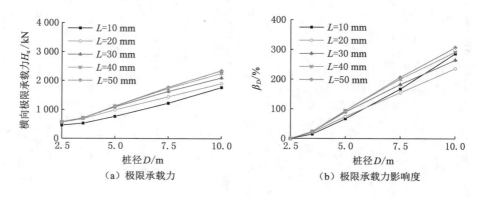

（a）极限承载力　　　　　　　（b）极限承载力影响度

图 4-48　桩径变化下的横向极限承载力变化规律

由图 4-48 可以看出,当桩长一定时,随着桩径的增加,桩基的横向极限承载力大幅提高。以桩长 30 m 为例,桩径从 2.5 m 逐步增至 10.0 m 时,桩基横向极限承载力增加了 23.9%～265.5%。桩长变化时,桩径从 2.5 m 增至 10.0 m 时的极限承载力增幅规律相似。桩径变化对桩基横向承载力的影响程度远大于桩长变化的影响。单从承载力方面讲,在 10.0 m 范围内,增加桩径是提高大直径空心独立复合桩基横向承载力的有效措施,但基于对工程技术性与经济性的综合考虑,桩径不宜过大,取 5.0 m 较为合理。

（2）空心桩桩径变化下的桩身弯矩变化规律

空心桩桩径变化下的桩身弯矩分布规律如图 4-49 所示。

由图 4-49 可以看出,当桩长一定时,随着入土深度的增加,在极限荷载作用下,桩身弯矩分布沿桩长方向呈先增后减规律。以桩长 30 m 为例,桩径从 2.5 m 逐步增至 10.0 m 时,桩身弯矩最大值增加了 106.6%～757.8%,桩身弯矩沿桩身分布规律发生变化。当桩径小于等于 5.0 m($L/D \geqslant 6$)时,桩基表现出弹性桩特性,横向荷载作用下,桩身发生挠曲,能够更好地把横向荷载传递给侧向土层,使桩身弯矩急剧减小;当桩径超过 5.0 m($L/D < 6$)时,桩基表现出明显的刚性桩特性,桩身发生转动,即桩的水平位移沿桩长线性分布,相应的桩侧土抗力分布较均匀,从而导致桩身弯矩变化较缓。桩长较小（10 m）时,这一规律表现

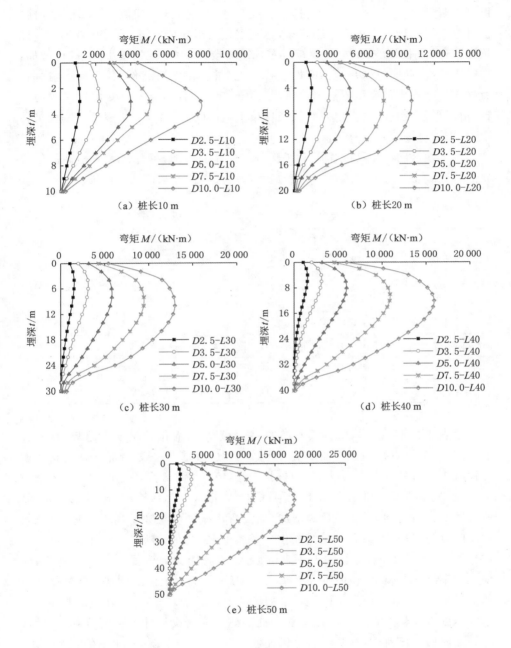

图 4-49　桩径变化下的桩身弯矩

得更为明显,当桩长超过 30 m、长径比大于 6 时,已表现为明显的弹性桩特性,桩身弯矩值达到最大值后急剧减小,达到零点后出现负弯矩,最后衰减至零。桩长 10 m 与桩长 20 m 的桩身弯矩分布规律较接近,由于桩长较小时,桩径增加,长径比减小,此时桩基呈现出刚性短桩特性,桩在横向荷载作用下未发生挠曲,故桩身下部未出现弯矩零点。而桩长 40 m、50 m 的桩身弯矩变化规律较为一致,由于桩长较长时,桩径增加,长径比减小,桩基特性由弹性桩逐渐向刚性桩转变,弯矩零点的位置下移。

桩基在横向极限荷载作用下,随桩长、桩径的增加,桩身最大弯矩截面位置 h_x 汇总见表 4-4,表中比值 i 为桩身最大弯矩截面位置与桩长的比值。

表 4-4　桩身最大弯矩截面位置 h_x 及其与桩长的比值 i

桩径 D/m	桩长 L/m				
	10	20	30	40	50
	h_x(m)/i				
2.5	2.8/0.28	4.2/0.21	4.4/0.15	4.5/0.11	4.6/0.10
3.5	3.1/0.31	4.3/0.22	5.8/0.19	6.1/0.15	6.2/0.12
5.0	3.1/0.31	6.1/0.31	8.2/0.27	8.3/0.21	8.4/0.17
7.5	3.2/0.32	6.2/0.31	8.3/0.28	10.1/0.25	12.0/0.24
10.0	3.2/0.32	6.3/0.32	9.7/0.32	12.0/0.3	14.2/0.28

由表 4-4 可以看出,随桩长的增加,最大弯矩截面位置呈增大趋势,且桩长增加到一定范围后,同一桩径下最大弯矩截面位置基本一致;比值 i 随桩长的增加而减小。以桩径 5.0 m 为例,当桩长大于 30 m 后,最大弯矩截面位置在 8.3 m 附近,比值 i 下降到 30% 以下,说明桩长大于 30 m 后,桩侧岩土体对桩基结构整体受力贡献增强;随桩径的增加,最大弯矩截面位置亦呈增大趋势,且桩长较小时,同一桩长下最大弯矩截面位置基本一致;比值 i 随桩径的增加而增加。以桩长 30 m 为例,当桩径大于 7.5 m 后,最大弯矩截面位置在 9.7 m 附近,比值 i 上升到 30% 以上,说明桩径大于 7.5 m 后,桩侧岩土体对桩基结构整体受力的贡献减弱。不同桩径、不同桩长下的比值 i 均在 10% ～35% 之间,说明在距桩顶此范围内为超大直径空心独立复合桩基截面配筋设计计算重要位置,在设计与施工时应对该范围增强配筋,以保证桩基础施工阶段需求及工后的正常使用。

（3）空心桩桩径变化下的桩侧土抗力变化规律

空心桩桩径变化下的桩侧土抗力变化规律如图 4-50 所示。

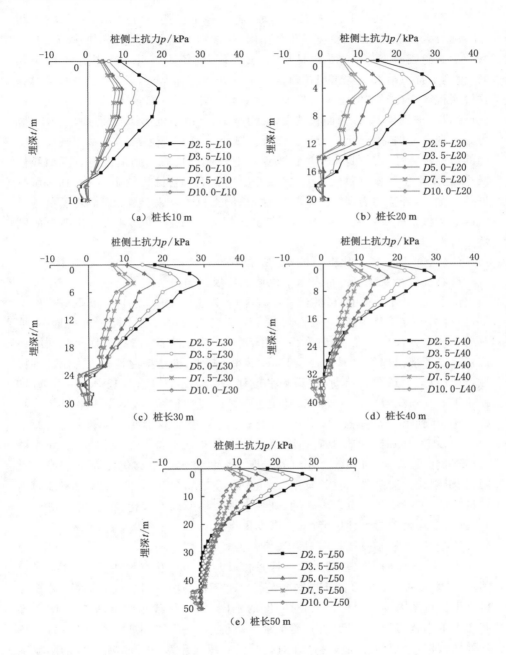

图 4-50 桩径变化下的桩侧土抗力

由图 4-50 可以看出,当桩长一定时,各桩径下桩侧土抗力分布规律基本相同。随着入土深度增加,在极限荷载作用下,桩侧土抗力沿埋深先快速增大到最大值后又急剧减小趋于零。以桩长 30 m 为例,桩径从 2.5 m 逐步增至 10.0 m时,桩侧土抗力最大值均出现在距桩顶 4 m 处,且其值减小了 18.6%~64.4%。这说明桩径变化对桩侧土抗力最大值位置影响不大,而对最大值影响明显。可能原因是,桩径越大,桩侧面积越大,应力越小,且由于桩-土接触面曲率变小,应力集中现象减弱,因此土抗力最大值反而减小。随着桩径增大,桩基表现出更明显的刚性桩特性,在桩身水平位移零点以上桩侧土抗力达到最大值后近似线性减小,在水平位移零点附近发生突变,并出现负值。当桩长较小(10 m)时,所有桩径工况下,桩基均表现为刚性桩特性,桩侧土抗力均发生突变,出现了负的最大值。当桩长较长(40 m、50 m)时,桩径超过 5.0 m 后,桩基才表现出明显的刚性桩特性。

(4) 空心桩桩径变化下的桩身水平位移变化规律

空心桩桩径变化下的桩身水平位移变化规律如图 4-51 所示。

由图 4-51 可以看出,当桩长一定时,随着入土深度的增加,在极限荷载作用下,桩身水平位移急剧减小,但不同桩径下的变化规律有所不同。桩径越小,桩基越表现为弹性桩特性,横向荷载作用下,桩身发生挠曲,桩身位移曲线在第一位移零点下部出现负向增长后趋于零;而桩径越大,桩基特性越表现为刚性桩特性,桩身绕某一点发生转动,桩身水平位移呈线性分布。以桩长 30 m 为例,桩径小于 5.0 m($L/D>6$)时,桩基表现出明显的弹性桩特性,桩身水平位移呈曲线变化,达到第一个零点后,出现反向增加后又逐渐减小并趋于零;桩径大于5.0 m($L/D<6$)时,桩基表现为刚性桩特性,桩身水平位移呈线性变化,并在桩底出现负的最大值;桩径 5.0 m($L/D=6$)时,桩身水平位移规律介于刚弹性之间,处于刚柔过渡阶段。桩长较小(10 m)时,所有桩径工况下,桩基均表现为刚性桩特性,桩身绕某一点发生转动,桩身水平位移呈线性变化;桩长较大(50 m)时,桩基本均表现为弹性桩特性,桩身发生挠曲。

4.3.1.3　刚性桩与弹性桩判别方法的讨论

横向荷载作用下桩基的力学特性是桩基与土体相互作用的问题,这一问题因桩-土体系的相对刚度的不同其受荷性状亦不同,这一不同对桩的内力计算分析是十分重要的。按照桩、土相对刚度的不同,横向荷载作用下的桩-土体系可有两类工作状态和破坏机理:一类是刚性短桩,表现为转动或平移破坏;另一类是弹性长桩,表现为挠曲破坏。在对桩受横向荷载计算分析时,常用桩的刚度系数作用区分刚性短桩和弹性长桩的判据。

在地基反力系数法中,当地基反力系数随深度呈线性变化时,可用下式表达

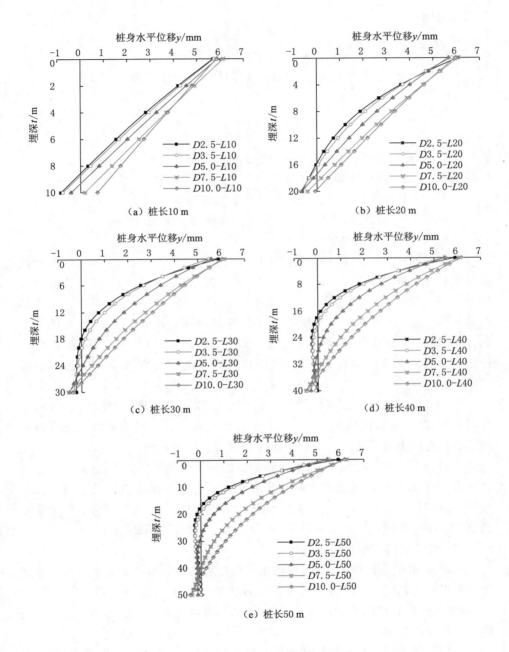

图 4-51　桩径变化下的桩身水平位移

桩的相对刚度：

$$T = \sqrt[5]{\frac{EI}{mb_p}} \qquad (4\text{-}11)$$

相对刚度系数 T 也就是弹性长度，其量纲为长度。如取 T 的倒数为 α，则有：

$$\alpha = \sqrt[5]{\frac{mb_p}{EI}} \qquad (4\text{-}12)$$

式中　α——桩土变形系数，其量纲为长度单位的倒数；

　　　T——桩的相对刚度系数，m；

　　　m——地基系数沿深度增长的比例系数，kN/m^4；

　　　E,I——桩的材料弹性模量（kN/m^2）和截面惯性矩（m^4）；

　　　b_p——桩的计算宽度，m。

计算分析中，一般以距桩顶距离 h 同 α 的乘积作为区分刚性短桩和弹性长桩的依据。国内外认为 $\alpha h < 2.5$ 为刚性短桩，$2.5 \leqslant \alpha h < 4$ 为有限长度的弹性中长桩，$\alpha h \geqslant 4$ 为弹性长桩。《港口工程桩基规范》（JTS 167-4—2012）采用此种区分判据，并指出入土深度不满足弹性长桩条件的中长桩的相关计算方法。《公路桥涵地基与基础设计规范》（JTG 3363—2019）中指出 $\alpha h \leqslant 2.5$ 为刚性桩和 $\alpha h > 2.5$ 的弹性桩两类，我国铁路规范的划分方法也与上述判别标准相类似。

以上规范的制定一般是针对直径在 2.0 m 以内的普通混凝土实心桩或小直径的钢管桩，而当桩径在 2.5～10.0 m 范围内的超大直径空心独立复合桩是否依然符合以上规律还值得进一步探讨。

本书力求找出一种简单、直观的判定刚性桩与弹性桩的方法，这种方法主要针对直径在 2.5 m 以上的超大直径空心独立复合桩。超大直径空心独立复合桩的一般桩径为 2.5～10.0 m，桩长在 10～50 m 的范围内。通过分析桩的水平向位移判定其是刚性桩还是弹性桩，并尝试建立相应的判别标准。

（1）弹性长桩和刚性短桩的界定

从图 4-52 的不同桩径、不同桩长在不同荷载作用下的桩基水平位移分布规律中可以明显判断出，当 $L/D < 6$ 时，表现为刚性短桩的力学特性；当 $L/D \geqslant 6$ 时，表现为弹性长桩的力学特性，从而可以初步得到超大直径空心独立复合桩的弹性长桩与刚性短桩的分界点为 $L/D = 6$。

根据上述提出的刚性短桩和弹性长桩的判别标准，对本书不同桩长、桩径的桩基类别进行分类，见表 4-5。

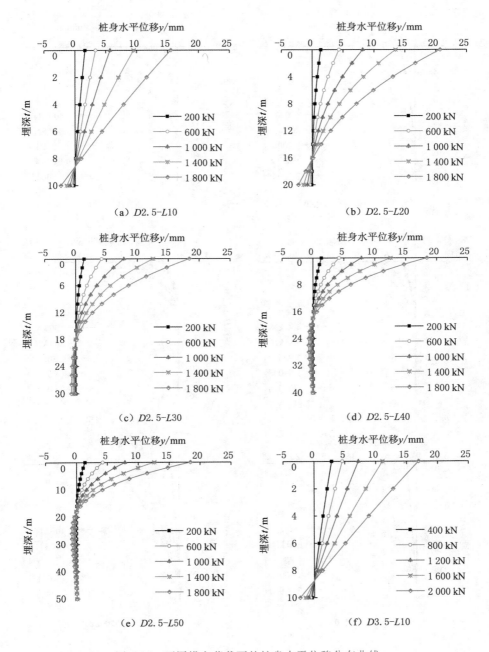

图 4-52　不同横向荷载下的桩身水平位移分布曲线

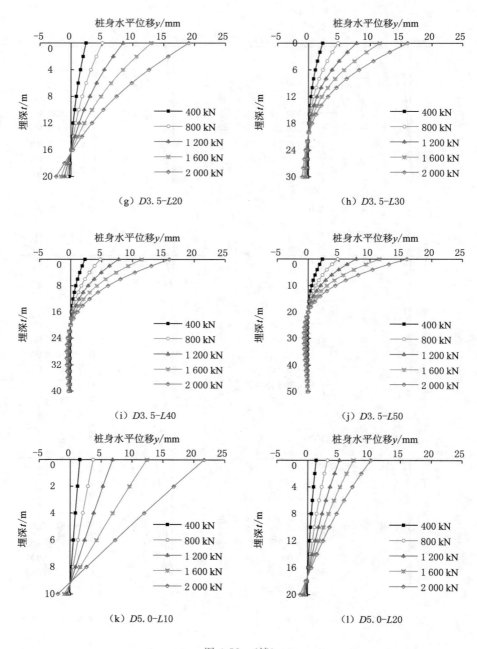

（g）D3.5-L20　　　　　　　　　（h）D3.5-L30

（i）D3.5-L40　　　　　　　　　（j）D3.5-L50

（k）D5.0-L10　　　　　　　　　（l）D5.0-L20

图 4-52 （续）

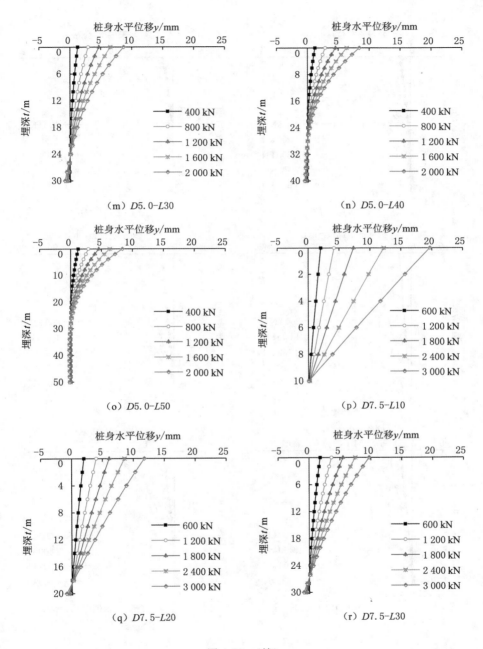

（m）$D5.0-L30$　　　　　　　（n）$D5.0-L40$

（o）$D5.0-L50$　　　　　　　（p）$D7.5-L10$

（q）$D7.5-L20$　　　　　　　（r）$D7.5-L30$

图 4-52　（续）

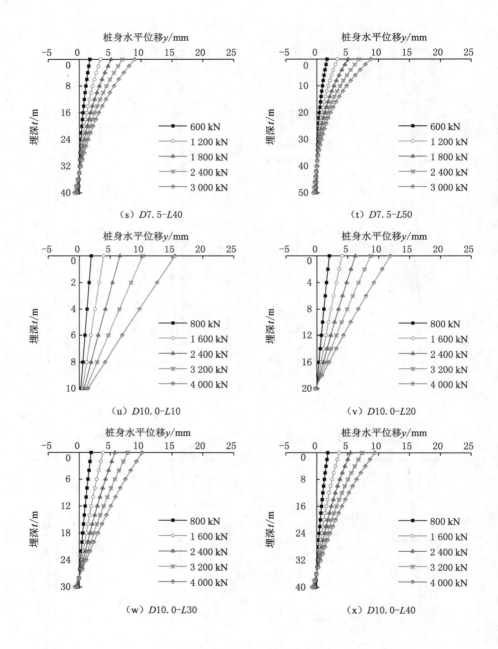

（s）D7.5-L40　　　　　　　　　（t）D7.5-L50

（u）D10.0-L10　　　　　　　　　（v）D10.0-L20

（w）D10.0-L30　　　　　　　　　（x）D10.0-L40

图 4-52　（续）

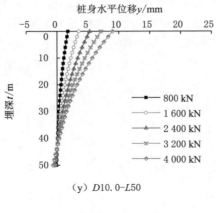

（y）$D10.0$–$L50$

图 4-52　（续）

表 4-5　桩基类别划分

桩径 D/m	类别划分	桩长 L/m				
		10	20	30	40	50
2.5	长径比	4	8	12	16	20
	桩基类别	刚性短桩	弹性长桩	弹性长桩	弹性长桩	弹性长桩
3.5	长径比	2.9	5.7	8.6	11.4	14.3
	桩基类别	刚性短桩	刚性短桩	弹性长桩	弹性长桩	弹性长桩
5.0	长径比	2	4	6	8	10
	桩基类别	刚性短桩	刚性短桩	弹性长桩	弹性长桩	弹性长桩
7.5	长径比	1.3	2.7	4	5.3	6.7
	桩基类别	刚性短桩	刚性短桩	刚性短桩	刚性短桩	弹性长桩
10.0	长径比	1	2	3	4	5
	桩基类别	刚性短桩	刚性短桩	刚性短桩	刚性短桩	刚性短桩

　　桩身水平位移与桩身刚度、桩周土等多种因素有关，下面对刚性短桩与弹性长桩的受力性状分别进行分析。

　　（2）第一位移零点随桩长的变化规律

　　横向荷载作用下的桩发生水平变位时，其桩身会发生转动或挠曲，此时桩身会出现位移为零的点（当桩为弹性长桩时，桩身会出现多个位移零点）。从地面处桩顶起第一位移为零的点称为第一位移零点，第一位移零点的位置与桩身的刚度、距桩顶距离、桩的截面尺寸和形状、桩受横向荷载的大小及桩周土体的工程特性等许多因素有关，现只讨论第一位移零点位置与桩长的关系。

图 4-52(k)～(o)所示为桩径 5.0 m 的空心桩在不同桩长时受横向荷载的桩身水平变位分布性状,从中可以看出:当桩长变化时,其第一位移零点位置的变化随距桩顶距离增大而增大。这说明相同工程地质条件下桩长越长,位移第一位移零点越深。经分析归纳,得到第一位移零点位置变化随桩长的关系曲线,如图 4-53 所示。

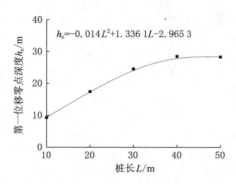

图 4-53　第一位移零点位置随桩长的变化规律

由图 4-53 可以看出,第一位移零点深度 h_c 随桩长呈非线性增加,说明相同工程地质条件下桩长越长,第一位移零点越深,横向稳定性越好,且同一桩长和桩径的情况下,第一位移零点的位移受荷载的影响较小。

根据以上判别分类方法,以桩径 5.0 m,桩长 10 m、30 m、50 m 为例,分别具体分析桩土各参数对不同桩基类型承载特性的影响。

4.3.2　注浆体参数变化下的超大直径空心独立复合桩横向承载特性

4.3.2.1　注浆体厚度变化下的超大直径空心独立复合桩横向承载特性

（1）注浆体厚度变化下的桩基荷载-位移（H-Y）特性

注浆体厚度变化下的桩基 H-Y 曲线如图 4-54 所示。

由图 4-54 可以看出,随着桩顶横向荷载的增加,各桩型下注浆体厚度变化时,桩基 H-Y 曲线变化规律相似,均表现为随注浆体厚度的增加,桩顶水平位移逐渐减小,且 H-Y 曲线呈不同程度的非线性。注浆体厚度变化下的桩基横向极限承载力变化规律如图 4-55 所示。

由图 4-55 可以看出,随注浆体厚度增加,不同桩型的横向承载力均呈增长趋势。注浆体厚度从未注浆（B=0 m）逐步增至 1.0 m 时,对于弹性桩,桩长 30 m 的横向极限承载力提高了 12.5%～16.9%;桩长 50 m 的横向极限承载力提高了 12.3%～16.7%。对于刚性桩,桩长 10 m 的横向极限承载力的提高程度较大,为 14.4%～19.3%。

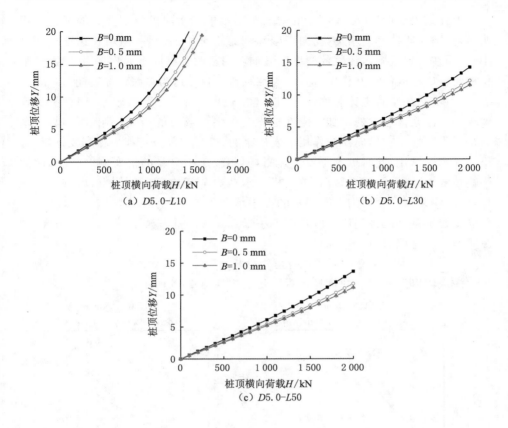

图 4-54　注浆体厚度变化下的 $H\text{-}Y$ 曲线

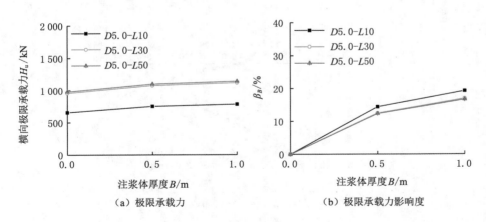

图 4-55　注浆体厚度变化下的横向极限承载力变化规律

上述结果表明,注浆体厚度的增加对刚性桩基横向极限承载力的增强作用明显,且随注浆体厚度增加,横向极限承载力均呈增加趋势,但增长速度逐渐减小,说明在一定范围内注浆体厚度的增加可明显改善桩周土的物理力学性质,强化桩与桩周土间的相互作用,但由于荷载沿径向扩散,当注浆体厚度超过一定值后,此时虽然注浆对土体有增强作用,但由于土体所承受荷载较小,因此提高程度较小。注浆体厚度的增加对刚性桩横向极限承载力的增强作用大于弹性桩,这是因为弹性桩在横向荷载作用下发生挠曲,桩身上部抗弯能力得到发挥,桩与土共同承受弯矩,此时桩侧土模量提高,但相较于桩自身的抗弯刚度较小,因此影响较弱;而刚性桩发生转动,桩基横向承载力全部传递到桩侧土,由桩侧土承担,因此注浆体厚度增加对刚性桩的极限承载力提高较强。建议超大直径空心独立复合桩基础的桩侧注浆区范围不小于 0.5 m,桩长较短时可取到 1.0 m,即注浆体厚度宜取 $(1/10 \sim 1/5)D$。

（2）注浆体厚度变化下的桩身弯矩分析

注浆体厚度变化下的桩身弯矩变化规律如图 4-56 所示。

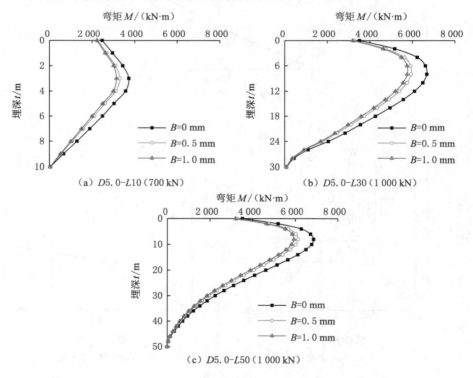

图 4-56　注浆体厚度变化下的桩身弯矩

由图 4-56 可以看出，在相同荷载作用下，随注浆体厚度增加，桩身弯矩逐渐减小。注浆体厚度从未注浆（$B=0$ m）逐步增至 1.0 m 时，桩长 10 m 的桩身最大弯矩位于距桩顶 4 m（$0.4L$）处，其值减小了 11.2%～15.5%；桩长 30 m 的桩身最大弯矩位于距桩顶 8 m（$0.27L$）处，其值减小了 11.0%～13.7%；桩长 50 m 的桩身最大弯矩位于距桩顶 8 m（$0.16L$）处，其值减小了 10.8%～13.5%。

上述结果表明，注浆体厚度变化对最大弯矩位置影响不大，对桩身弯矩值有一定影响，且刚性桩受影响程度大于弹性桩。随注浆体厚度增加，桩身弯矩总体呈减小趋势，但减小到一定程度后，这种趋势会逐渐减弱。这说明在一定范围内注浆体厚度的增加可明显改善桩周土的物理力学性质，强化桩与桩周土间的相互作用，同级荷载作用下，桩身变形减小，桩身弯矩相应减小；当注浆体厚度超过一定值后，此时虽然注浆对土体有增强作用，但由于荷载沿径向扩散，土体所承受荷载较小，因此变化幅度趋缓。

（3）注浆体厚度变化下的桩侧土抗力分析

注浆体厚度变化下的桩侧土抗力变化规律如图 4-57 所示。

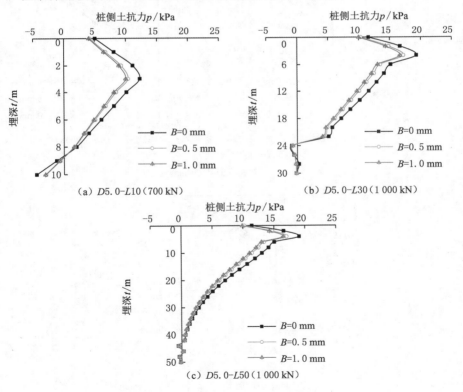

图 4-57　注浆体厚度变化下的桩侧土抗力

由图 4-57 可以看出,在相同荷载作用下,随注浆体厚度的增加,桩侧土抗力逐渐减小。注浆体厚度从未注浆($B=0$ m)逐步增至 1.0 m 时,桩长 10 m 的桩侧最大土抗力减小了 15.3%～18.4%;桩长 30 m 的桩侧最大土抗力减小了 10.9%～13.7%;桩长 50 m 的桩侧最大土抗力分别减小了 10.7%～13.5%。

上述结果表明,注浆体厚度变化对最大土抗力有较大影响,且刚性桩受影响程度大于弹性桩。随注浆体厚度增加,桩侧土抗力总体呈减小趋势,但减小到一定程度后,这种趋势会逐渐减弱,原因是随着注浆体厚度增加,桩身水平位移减小,桩侧土抗力相应减小;而且此时相当于桩的等效计算宽度增加,桩顶横向荷载由更大范围内的土体承担,故平均值降低,即应力发生扩散。

(4)注浆体厚度变化下的桩身水平位移分析

注浆体厚度变化下的桩身水平位移变化规律如图 4-58 所示。

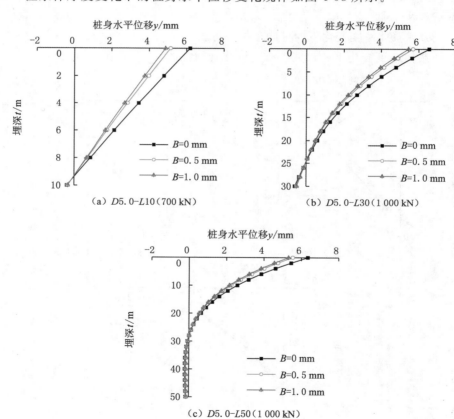

图 4-58 注浆体厚度变化下的桩身水平位移

由图 4-58 可以看出,在相同荷载作用下,随注浆体厚度的增加,桩身位移逐渐减小。注浆体厚度从未注浆($B=0$ m)逐步增至 1.0 m 时,桩长 10 m 的桩身第一位移零点距桩顶 9.6 m($0.96L$),最大水平位移减小了 $16.9\%\sim21.3\%$;桩长 30 m 的桩身第一位移零点距桩顶 24.0 m($0.80L$),最大水平位移减小了 $13.2\%\sim17.0\%$;桩长 50 m 的桩身第一位移零点距桩顶 28.0 m($0.56L$),最大水平位移减小了 $12.8\%\sim16.4\%$。

上述结果表明,注浆体厚度变化对桩身第一位移零点位置影响不明显,对桩身水平位移值有较大影响,且刚性桩受影响程度大于弹性桩。随注浆体厚度增加,桩身水平位移总体呈减小趋势,但减小到一定程度后,这种趋势会逐渐减弱,这是由于在一定范围内注浆体厚度的增加可明显改善桩周土的物理力学性质,强化桩与桩周土间的相互作用,同级荷载作用下,桩身变形减小;当注浆体厚度超过一定值后,此时虽然注浆对土体有增强作用,但由于荷载沿径向扩散,土体所承受荷载较小,因此变化幅度趋缓。

4.3.2.2　注浆体弹性模量变化下的超大直径空心独立复合桩横向承载特性

（1）注浆体弹性模量变化下的桩基荷载-位移(H-Y)特性

注浆体弹性模量变化下的桩基 H-Y 曲线如图 4-59 所示。

由图 4-59 可以看出,随着桩顶横向荷载的增加,各桩型下注浆体弹性模量变化时,桩基 H-Y 曲线变化规律相似,均表现为随注浆体弹性模量的增加,桩顶水平位移逐渐减小,且 H-Y 曲线呈不同程度的非线性。注浆体弹性模量变化下的桩基横向极限承载力变化规律如图 4-60 所示。

由图 4-60 可以看出,随注浆体弹性模量的增加,不同桩型的横向承载力均呈增长趋势,刚性桩的极限承载力增幅大于弹性桩基承载力增幅。注浆体弹性模量从未注浆($E_1=1.0E_0$)逐步增至 $4.0E_0$ 时,对于弹性桩,桩长 30 m 的极限承载力提高了 $12.5\%\sim18.0\%$;桩长 50 m 的极限承载力提高了 $12.3\%\sim17.4\%$,与桩长 30 m 的极限承载力增幅相近。对于刚性桩,桩长 10 m 的极限承载力增幅较大,增幅提高了 $14.4\%\sim24.2\%$。

上述结果表明,注浆体弹性模量的增加对刚性桩的极限承载力增强作用大于弹性桩,当注浆体弹性模量在 $3.0E_0$ 范围内增加时,桩基横向承载力增幅较大;当注浆体弹性模量大于 $3.0E_0$ 时,继续增加注浆体弹性模量,桩基横向承载力仍会增加,但增幅较缓。这是由于随注浆体弹性模量增加,虽然注浆体抗变形能力增加,但水泥搅拌桩及外侧土体的模量并未随之增加,即此时对复合桩承载力起影响作用的是相对较薄弱的水泥搅拌桩及其外侧土体,注浆体弹性模量达到一定范围后,横向极限承载力的增长速度减缓。建议超大直径空心独立复合桩基础的注浆体弹性模量取 $3.0E_0$,桩长较短时可取 $4.0E_0$。

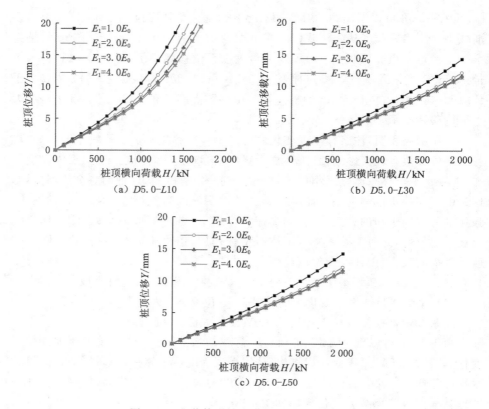

图 4-59　注浆体弹性模量变化下的 *H-Y* 曲线

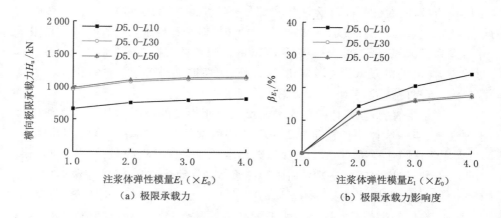

图 4-60　注浆体弹性模量变化下的横向极限承载力变化规律

（2）注浆体弹性模量变化下的桩身弯矩分析

注浆体弹性模量变化下的桩身弯矩变化规律如图 4-61 所示。

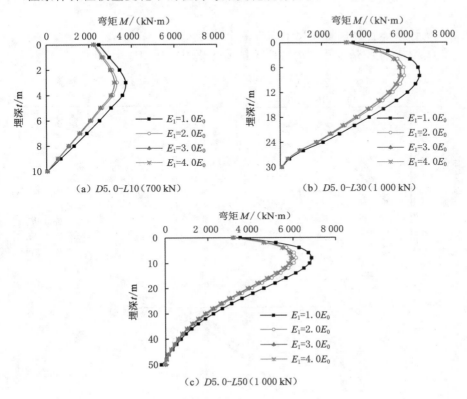

（a）$D5.0-L10$（700 kN）

（b）$D5.0-L30$（1 000 kN）

（c）$D5.0-L50$（1 000 kN）

图 4-61　注浆体弹性模量变化下的桩身弯矩

由图 4-61 可以看出，在相同荷载作用下，随注浆体弹性模量增加，桩身弯矩逐渐减小。注浆体弹性模量从未注浆（$E_1=1.0E_0$）逐步增至 $4.0E_0$ 时，桩长 10 m 的桩身最大弯矩位于距桩顶 4 m（$0.4L$）处，其值减小了 $11.2\%\sim14.6\%$；桩长 30 m 的桩身最大弯矩位于距桩顶 8 m（$0.27L$）处，其值减小了 $11.0\%\sim14.2\%$；桩长 50 m 的桩身最大弯矩位于距桩顶 8 m（$0.16L$）处，其值减小了 $10.8\%\sim14.1\%$。

上述结果表明，注浆体弹性模量变化对最大弯矩位置影响不大，对桩身弯矩值有较大影响。随注浆体弹性模量增加，桩身弯矩总体呈减小趋势，但减小到一定程度后，这种趋势会逐渐减弱。这说明注浆体弹性模量的增加可明显改善桩周土的物理力学性质，强化桩与桩周土间的相互作用，同级荷载作用下，桩身变形减小,桩身弯矩相应减小;当注浆体弹性模量超过一定值后,此时虽然注浆对土体有增强作用,但由于荷载沿径向扩散,土体所承受荷载较小,因此变化幅度趋缓。

（3）注浆体弹性模量变化下的桩侧土抗力分析

注浆体弹性模量变化下的桩侧土抗力变化规律如图 4-62 所示。

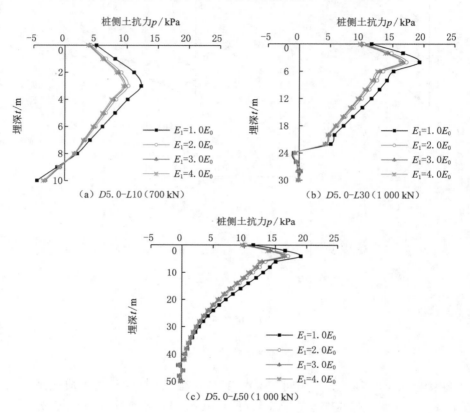

（a）$D5.0-L10$（700 kN）　　　（b）$D5.0-L30$（1 000 kN）

（c）$D5.0-L50$（1 000 kN）

图 4-62　注浆体弹性模量变化下的桩侧土抗力

由图 4-62 可以看出,在相同荷载作用下,随注浆体弹性模量的增加,桩侧土抗力逐渐减小。注浆体弹性模量从未注浆($E_1=1.0E_0$)逐步增至 $4.0E_0$ 时,桩长 10 m 的桩侧最大土抗力减小了 16.8%～22.9%;桩长 30 m 的桩侧最大土抗力减小了 10.9%～15.4%;桩长 50 m 的桩侧最大土抗力减小了 10.7%～15.2%。

上述结果表明,注浆体弹性模量变化对最大土抗力有较大影响,且刚性桩受影响程度大于弹性桩,这与上文分析结果相一致。随注浆体弹性模量增加,桩侧土抗力总体呈减小趋势,但减小到一定程度后,这种趋势会逐渐减弱,原因是随着注浆体弹性模量增加,可近似认为桩侧土抵抗变形的能力增强,桩顶水平向荷载由更强的土体承担,故平均值逐渐降低,即应力发生扩散。

（4）注浆体弹性模量变化下的桩身水平位移分析

注浆体弹性模量变化下的桩身水平位移变化规律如图 4-63 所示。

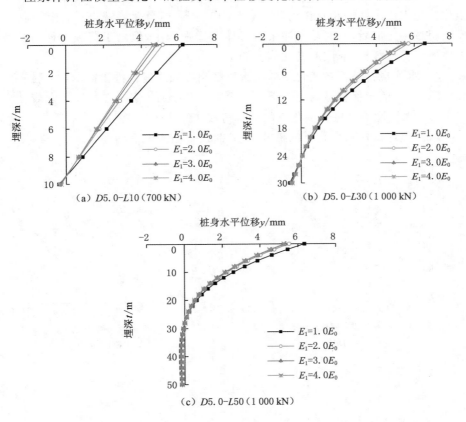

图 4-63　注浆体弹性模量变化下的桩身水平位移

由图 4-63 可以看出,在相同荷载作用下,随注浆体弹性模量的增加,桩身位移逐渐减小,注浆体弹性模量变化对桩身第一位移零点的位置没有影响。注浆体弹性模量从未注浆($E_1=1.0E_0$)逐步增至 $4.0E_0$ 时,桩长 10 m 的桩身第一位移零点距桩顶 9.6 m($0.96L$),最大水平位移减小了 16.9%～25.0%;桩长 30 m 的桩身第一位移零点距桩顶 24.0 m($0.80L$),最大水平位移减小了 13.2%～17.6%;桩长 50 m 的桩身第一位移零点距桩顶 28.0 m($0.56L$),最大水平位移减小了 12.8%～16.9%。

上述结果表明,注浆体弹性模量变化对桩身第一位移零点位置影响不明显,对桩身水平位移值有较大影响,且刚性桩受影响程度大于弹性桩。随注浆体弹性模量增加,桩身水平位移总体呈减小趋势,但减小到一定程度后,这种趋势会逐渐减弱,这是因为注浆体弹性模量的增加可明显改善桩周土的物理力学性质,强化桩与桩周土间的相互作用,同级荷载作用下,桩身变形减小;当注浆体弹性模量超过一定值后,此时虽然注浆对土体有增强作用,但由于荷载沿径向扩散,土体所承受荷载较小,因此变化幅度趋缓。

4.3.3 水泥搅拌桩参数变化下的超大直径空心独立复合桩横向承载特性

4.3.3.1 水泥搅拌桩桩长变化下的超大直径空心独立复合桩横向承载特性

(1)水泥搅拌桩桩长变化下的桩基荷载-位移(H-Y)特性

水泥搅拌桩桩长变化下的桩基 H-Y 曲线如图 4-64 所示。

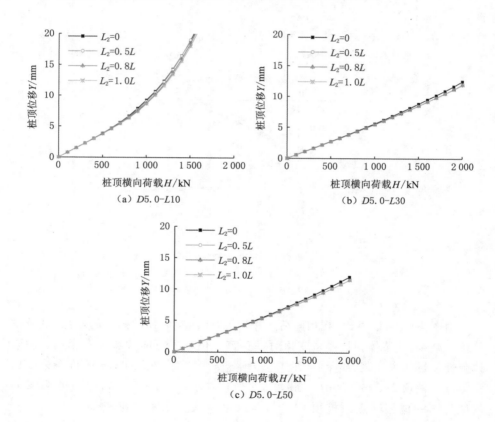

(a) $D5.0$-$L10$

(b) $D5.0$-$L30$

(c) $D5.0$-$L50$

图 4-64 水泥搅拌桩桩长变化下的 H-Y 曲线

由图 4-64 可以看出,随着桩顶横向荷载的增加,各桩型下水泥搅拌桩桩长变化时,桩基 H-Y 曲线变化规律相似,均表现为随水泥搅拌桩桩长的增加,桩顶水平位移逐渐减小,且 H-Y 曲线呈不同程度的非线性。水泥搅拌桩桩长变化下的桩基横向极限承载力变化规律如图 4-65 所示。

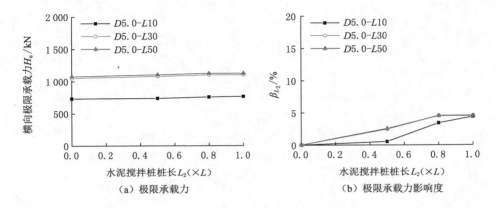

（a）极限承载力　　　　（b）极限承载力影响度

图 4-65　水泥搅拌桩桩长变化下的横向极限承载力变化规律

由图 4-65 可以看出,随水泥搅拌桩桩长的增加,不同桩型的横向承载力均呈增长趋势。水泥搅拌桩桩长从无水泥搅拌桩($L_2=0$)逐步增至与空心桩桩长相同($L_2=1.0L$)时,对于弹性桩,桩长 30 m 的极限承载力提高了 $2.5\%\sim4.6\%$;桩长 50 m 的极限承载力提高了 $2.5\%\sim4.5\%$,与桩长 30 m 的极限承载力增幅相近。对于刚性桩,桩长 10 m 的极限承载力提高了 $0.5\%\sim4.4\%$。

上述结果表明,水泥搅拌桩桩长的增加对桩的极限承载力提高作用较弱。对于弹性桩,当水泥搅拌桩桩长大于 $0.5L$ 后,承载力增幅减缓;而对于刚性桩,当水泥搅拌桩桩长大于 $0.5L$ 后,桩基承载力仍有加速增长趋势。可能原因是,弹性桩在横向荷载作用下发生挠曲,桩身上部抗弯能力得到发挥,桩与土共同承受弯矩,此时桩侧土模量提高,但相较于桩自身的抗弯刚度较小,因此影响较弱。而刚性桩发生转动,桩基横向承载力全部传递到桩侧土,由桩侧土承担,因此水泥搅拌桩桩长的增加对刚性桩的极限承载力提高较强。建议超大直径空心独立复合桩基础的水泥搅拌桩桩长与空心桩桩长保持一致。

（2）水泥搅拌桩桩长变化下的桩身弯矩分析

水泥搅拌桩桩长变化下的桩身弯矩变化规律如图 4-66 所示。

由图 4-66 可以看出,在相同荷载作用下,随水泥搅拌桩桩长增加,桩身弯矩略有减小。水泥搅拌桩桩长从无水泥搅拌桩($L_2=0$)逐步增至与空心桩桩长相同($L_2=1.0L$)时,桩长 10 m 的桩身最大弯矩位于距桩顶 4 m($0.4L$)处,其值减

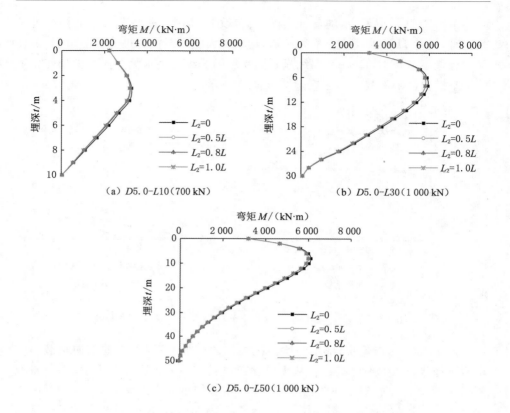

(a) $D5.0-L10$(700 kN)

(b) $D5.0-L30$(1 000 kN)

(c) $D5.0-L50$(1 000 kN)

图 4-66　水泥搅拌桩桩长变化下的桩身弯矩

小了 $1.8\%\sim4.4\%$；桩长 30 m 的桩身最大弯矩位于距桩顶 8 m($0.27L$)处，其值减小了 $1.9\%\sim3.9\%$；桩长 50 m 的桩身最大弯矩位于距桩顶 8 m($0.16L$)处，其值减小了 $1.8\%\sim3.8\%$。

上述结果表明，水泥搅拌桩桩长变化对最大弯矩位置影响不大，对桩身弯矩值有一定影响，且刚性桩受影响程度大于弹性桩。随水泥搅拌桩桩长增加，桩身弯矩总体呈减小趋势，但减小到一定程度后，这种趋势会逐渐减弱。这说明在一定范围内水泥搅拌桩桩长的增加，改善了外围深部桩周土的物理力学性质，同级荷载作用下，桩身变形量减小，桩身弯矩相应减小。但由于荷载沿径向扩散，此时注浆体外围的水泥搅拌桩桩长的增加虽然对土体有加强作用，但由于外围土体所承受的荷载较小，因此变化幅度趋缓。

（3）水泥搅拌桩桩长变化下的桩侧土抗力分析

水泥搅拌桩桩长变化下的桩侧土抗力变化规律如图 4-67 所示。

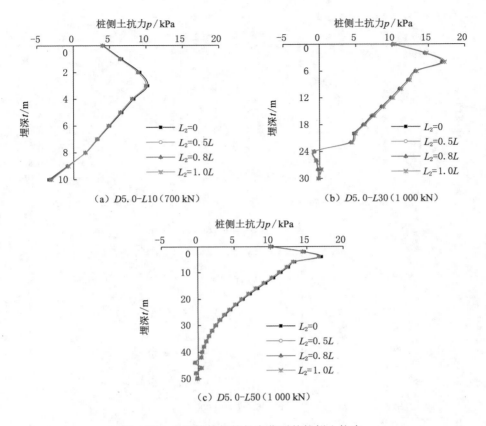

图 4-67 水泥搅拌桩桩长变化下的桩侧土抗力

由图 4-67 可以看出,在相同荷载作用下,水泥搅拌桩桩长变化对不同桩型的桩侧土抗力的影响很小。水泥搅拌桩桩长从无水泥搅拌桩($L_2=0$)逐步增至与空心桩桩长相同($L_2=1.0L$)时,桩长 10 m 的桩侧最大土抗力减小了 $2.0\%\sim4.1\%$;桩长 30 m 和桩长 50 m 的桩侧最大土抗力减幅接近,分别为 3.9%、3.8%。

上述结果表明,水泥搅拌桩桩长变化对最大土抗力影响很小,说明水泥搅拌桩桩长的增加虽然在一定范围内改善了注浆体外围土的性质,但水泥搅拌桩与空心桩之间的注浆体强度并未提高,水泥搅拌桩桩长增加对桩-土相互作用的提高程度有限,可忽略不计。

(4) 水泥搅拌桩桩长变化下的桩身水平位移分析

水泥搅拌桩桩长变化下的桩身水平位移变化规律如图 4-68 所示。

由图 4-68 可以看出,在相同荷载作用下,随水泥搅拌桩桩长的增加,桩身位

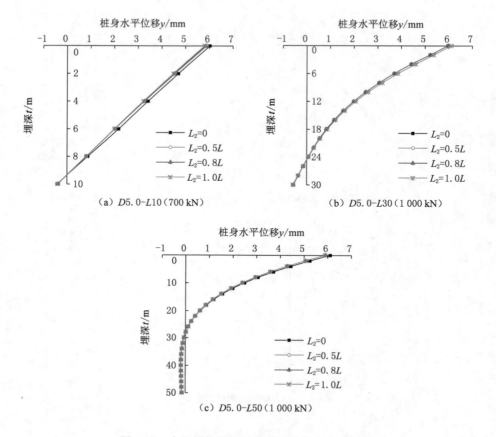

图 4-68　水泥搅拌桩桩长变化下的桩身水平位移

移略有减小。水泥搅拌桩桩长从无水泥搅拌桩($L_2 = 0$)逐步增至与空心桩桩长相同($L_2 = 1.0L$)时,桩长 10 m 的桩身第一位移零点距桩顶 9.2 m($0.92L$),桩身最大水平位移减小了 2.3%～5.7%;桩长 30 m 的桩身第一位移零点距桩顶 24.0 m($0.80L$),桩长 50 m 的桩身第一位移零点距桩顶 28.0 m($0.56L$),桩长 30 m 和桩长 50 m 的桩身最大水平位移变化不大,减幅分别为 4.3%、5.5%。

　　上述结果表明,水泥搅拌桩桩长对桩身水平位移值有一定影响,且刚性桩受影响程度大于弹性桩。随水泥搅拌桩桩长增加,桩身水平位移总体呈减小趋势,但减小到一定程度后,这种趋势会逐渐减弱,这是由于在一定范围内水泥搅拌桩桩长的增加可明显改善注浆体外围土的性质,同级荷载作用下,桩身变形减小;当水泥搅拌桩桩长超过一定值后,此时虽然水泥搅拌桩对土体有增强作用,但由于荷载沿径向扩散,土体所承受荷载较小,因此变化幅度趋缓。

4.3.3.2　水泥搅拌桩弹性模量变化下的超大直径空心独立复合桩横向承载特性

（1）水泥搅拌桩弹性模量变化下的桩基荷载-位移（H-Y）特性

水泥搅拌桩弹性模量变化下的桩基 H-Y 曲线如图 4-69 所示。

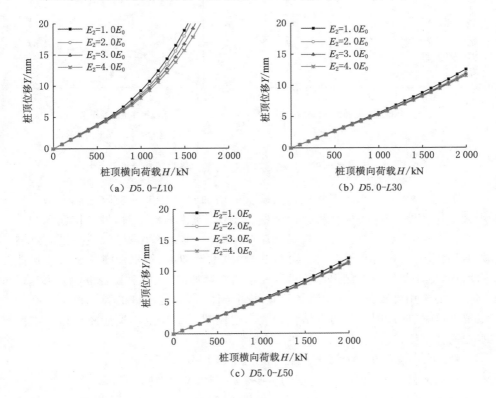

（a）$D5.0$-$L10$　　　　　　　（b）$D5.0$-$L30$

（c）$D5.0$-$L50$

图 4-69　水泥搅拌桩弹性模量变化下的 H-Y 曲线

由图 4-69 可以看出，随着桩顶横向荷载的增加，各桩型下水泥搅拌桩弹性模量变化时，桩基 H-Y 曲线变化规律相似，均表现为随水泥搅拌桩弹性模量的增加，桩顶水平位移逐渐减小，且 H-Y 曲线呈不同程度的非线性。水泥搅拌桩弹性模量变化下的桩基横向极限承载力变化规律如图 4-70 所示。

如图 4-70 可以看出，随水泥搅拌桩弹性模量的增加，不同桩型的横向承载力均呈增长趋势，刚性桩的极限承载力增幅大于弹性桩基承载力增幅。水泥搅拌桩弹性模量从无水泥搅拌桩（$E_2 = 1.0E_0$）逐步增至 $4.0E_0$ 时，对于弹性桩，桩长 30 m 的极限承载力提高了 $4.6\% \sim 7.1\%$；桩长 50 m 的极限承载力提高了 $4.5\% \sim 6.7\%$，与桩长 30 m 的极限承载力增幅相近。对于刚性桩，桩长 10 m 的极限承载力增幅较大，提高了 $5.0\% \sim 10.5\%$。

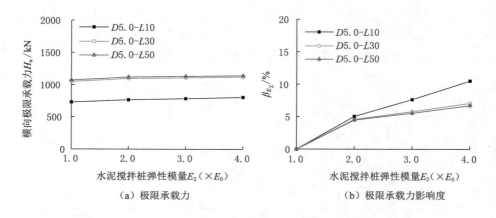

（a）极限承载力　　　　　　　　　（b）极限承载力影响度

图 4-70　水泥搅拌桩弹性模量变化下的横向极限承载力变化规律

　　上述结果表明,水泥搅拌桩弹性模量的增加对刚性桩的极限承载力增强作用大于弹性桩,当水泥搅拌桩弹性模量在 $3.0E_0$ 范围内增加时,桩基横向承载力增幅较大;当水泥搅拌桩弹性模量大于 $3.0E_0$ 时,继续增加模量,桩基横向承载力增幅较缓。这是由于随水泥搅拌桩弹性模量增加,虽然水泥搅拌桩抗变形能力增加,但注浆体及外侧土体的模量并未随之增加,即此时对复合桩承载力起影响作用的是相对较薄弱的注浆体及其外侧土体,水泥搅拌桩的弹性模量达到一定范围后,横向极限承载力的增幅趋缓。建议超大直径空心独立复合桩基础的水泥搅拌桩弹性模量取 $3.0E_0$,桩长较短时可取 $4.0E_0$。

　　（2）水泥搅拌桩弹性模量变化下的桩身弯矩分析

　　水泥搅拌桩弹性模量变化下的桩身弯矩变化规律如图 4-71 所示。

　　由图 4-71 可以看出,在相同荷载作用下,随水泥搅拌桩弹性模量增加,桩身弯矩逐渐减小。水泥搅拌桩弹性模量从无水泥搅拌桩($E_2=1.0E_0$)逐步增至 $4.0E_0$ 时,桩长 10 m 的桩身最大弯矩位于距桩顶 4 m($0.4L$)处,其值减小了 $4.4\%\sim4.5\%$;桩长 30 m 的桩身最大弯矩位于距桩顶 8 m($0.27L$)处,其值减小了 $3.9\%\sim5.1\%$;桩长 50 m 的桩身最大弯矩位于距桩顶 8 m($0.16L$)处,其值减小了 $3.8\%\sim5.1\%$。

　　上述结果表明,水泥搅拌桩弹性模量变化对最大弯矩位置影响不大,对桩身弯矩值有一定影响,且刚性桩受影响程度大于弹性桩。随注浆体弹性模量增加,桩身弯矩总体呈减小趋势,但减小到一定程度后,这种趋势会逐渐减弱。这说明水泥搅拌桩弹性模量的增加可明显改善外围桩周土的物理力学性质,同级荷载作用下,桩身变形减小,桩身弯矩相应减小;当水泥搅拌桩弹性模量超过一定值后,此时虽然水泥搅拌桩对土体有增强作用,但由于荷载沿径向扩散,外围土体

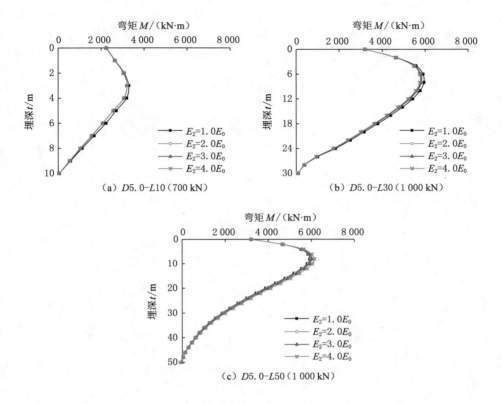

图 4-71　注浆体弹性模量变化下的桩身弯矩

所承受荷载较小，因此变化幅度趋缓。

（3）水泥搅拌桩弹性模量变化下的桩侧土抗力分析

水泥搅拌桩弹性模量变化下的桩侧土抗力变化规律如图 4-72 所示。

由图 4-72 可以看出，在相同荷载作用下，随注浆体弹性模量的增加，桩侧土抗力略有减小。水泥搅拌桩弹性模量从无水泥搅拌桩（$E_2 = 1.0E_0$）逐步增至 $4.0E_0$ 时，桩长 10 m 的桩侧最大土抗力减小了 $3.1\% \sim 6.2\%$；桩长 30 m 的桩侧最大土抗力减小了 $3.9\% \sim 5.4\%$；桩长 50 m 的桩侧最大土抗力减小了 $3.8\% \sim 5.2\%$。

上述结果表明，水泥搅拌桩弹性模量变化对桩侧最大土抗力影响较小，且刚性桩受影响程度相对大于弹性桩，这与上文分析结果一致。随水泥搅拌桩弹性模量增加，桩侧土抗力总体呈减小趋势，但减小到一定程度后，这种趋势会逐渐减弱，原因是随着水泥搅拌桩弹性模量增加，可近似认为桩侧土抵抗变形的能力增强，桩顶水平向荷载由更强的土体承担，故平均值逐渐降低，即应力发生扩散。

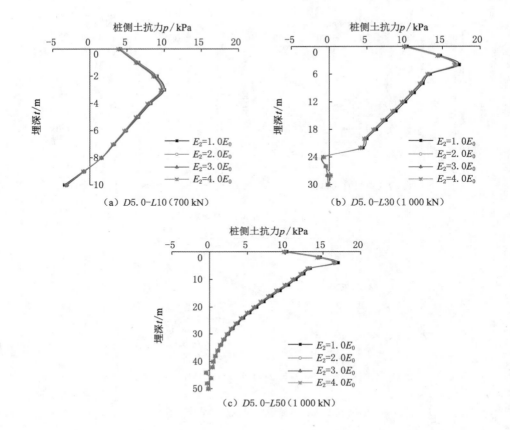

图 4-72　水泥搅拌桩弹性模量变化下的桩侧土抗力

（4）水泥搅拌桩弹性模量变化下的桩身水平位移分析

水泥搅拌桩弹性模量变化下的桩身水平位移变化规律如图 4-73 所示。

由图 4-73 可以看出，在相同荷载作用下，随水泥搅拌桩弹性模量的增加，桩身位移逐渐减小，水泥搅拌桩弹性模量变化对桩身第一位移零点的位置没有影响。水泥搅拌桩弹性模量从无水泥搅拌桩（$E_2 = 1.0E_0$）逐步增至 $4.0E_0$ 时，桩长 10 m 的桩身第一位移零点距桩顶 9.2 m（0.92L），最大水平位移减小了 4.2%～10.1%；桩长 30 m 的桩身第一位移零点距桩顶 24.0 m（0.80L），最大水平位移减小了 2.6%～5.2%；桩长 50 m 的桩身第一位移零点距桩顶 28.0 m（0.56L），最大水平位移减小了 5.5%～7.6%。

上述结果表明，水泥搅拌桩弹性模量变化对桩身水平位移值有较大影响，且刚性桩受影响程度大于弹性桩。随水泥搅拌桩弹性模量增加，桩身水平位移总

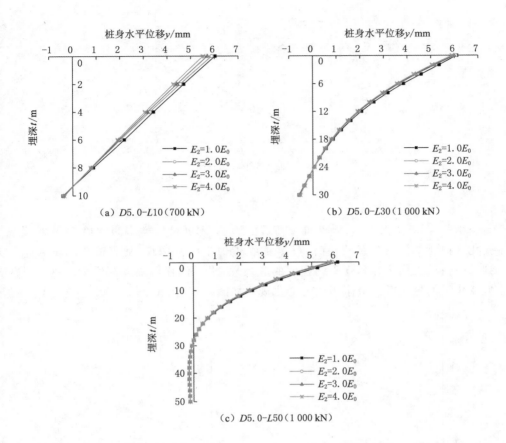

（a）$D5.0\text{-}L10$（700 kN）

（b）$D5.0\text{-}L30$（1 000 kN）

（c）$D5.0\text{-}L50$（1 000 kN）

图 4-73　水泥搅拌桩弹性模量变化下的桩身水平位移

体呈减小趋势，但减小到一定程度后，这种趋势会逐渐减弱。这是因为水泥搅拌桩弹性模量的增加可明显改善注浆体外围土的性质，同级荷载作用下，桩身变形减小；当水泥搅拌桩弹性模量超过一定值后，此时虽然水泥搅拌桩对土体有增强作用，但由于荷载沿径向扩散，土体所承受荷载较小，因此变化幅度趋缓。

4.3.4　桩体类型变化下的超大直径空心独立复合桩基横向承载特性

4.3.4.1　桩体类型变化下的桩基横向承载力分析

为探明桩周注浆体、水泥搅拌桩对超大直径空心独立复合桩横向承载特性的影响程度，选择空心桩、空心桩＋注浆体、复合桩三种桩体类型进行分析，以桩径 5.0 m、桩长 30 m 为例，得到桩体类型变化下的超大直径空心独立复合桩的 $H\text{-}Y$ 曲线，如图 4-74 所示。

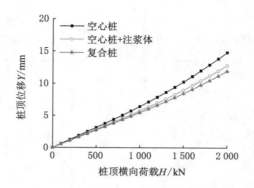

图 4-74　桩体类型变化下的 H-Y 曲线

由图 4-74 可以看出，随着桩顶荷载的增加，不同桩体类型的桩基 H-Y 曲线变化规律相似。当荷载较小时，H-Y 曲线近似呈线性增长，随着荷载的增大达到某一值后桩顶位移呈现不同程度的非线性，水平位移增幅逐渐增大。桩体类型变化下的桩基横向极限承载力变化规律如图 4-75 所示。

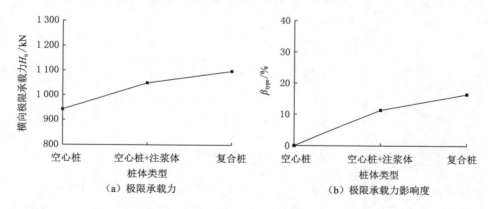

（a）极限承载力　　　　　　　　　　（b）极限承载力影响度

图 4-75　桩体类型变化下的横向极限承载力

由图 4-75 可以看出，桩长、桩径一定时，随桩侧土体物理力学性质不断改善，桩的极限承载力逐渐增大，空心桩＋注浆与复合桩基横向极限承载力有一定提高，分别提高了 11.4％和 16.5％。这是由于注浆体和外围水泥搅拌桩的存在改善了空心桩周围土体的物理力学性质，强化了桩与桩侧土间的相互作用，提高了地基土水平抗力，也说明在承载能力方面超大直径空心独立复合桩相比传统的空心桩和空心桩＋注浆体具有明显优势。

4.3.4.2　桩体类型变化下的桩身弯矩分析

不同桩体类型的桩身弯矩变化规律如图 4-76 所示。

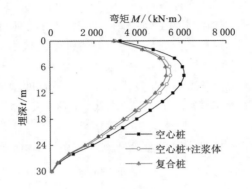

图 4-76　桩体类型变化下的桩身弯矩

由图 4-76 可以看出,桩长、桩径一定时,桩身弯矩变化规律表现为随桩侧土体物理力学性质的改善,桩身弯矩逐渐减小。与空心桩相比,空心桩＋注浆体和复合桩的桩身弯矩分别减小了 10.1％和 13.3％,说明注浆体和水泥搅拌桩对空心桩外围土体的强度和硬度均有明显的改善作用,即复合桩的抗弯能力高于空心桩和空心桩＋注浆体。

4.3.4.3　桩体类型变化下的桩侧土抗力分析

不同桩体类型的桩侧土抗力变化规律如图 4-77 所示。

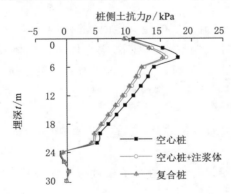

图 4-77　桩体类型变化下的桩侧土抗力

由图 4-77 可以看出,桩侧土抗力大致分为两部分:从地面起至 24 m 范围内,由于桩、土分离导致桩后产生主动土抗力,在距桩顶 4～6 m 处出现正的极大值,在 24 m 位置出现土抗力为零;距桩顶距离超过 24 m 后,由于桩的转动产生被动土抗力,土抗力反向增大并在距桩顶 28 m 位置出现负的极大值,之后又减小并趋于零,说明地面以下桩身 24 m 位置是主动土抗力与被动土抗力的分界点。桩长、桩径一定时,随桩侧土体物理力学性质的改善,桩侧土抗力逐渐减小。与空心桩相比,空心桩+注浆体和复合桩的桩侧土抗力分别减小了 11.1% 和 14.0%,说明随着桩侧土体物理力学性质不断改善,桩侧土抗力有降低趋势,原因是随着桩侧土体强度增大,可近似认为桩的等效宽度增加,桩顶水平向荷载由更大范围内的土体承担,故平均值逐渐降低,即应力发生扩散。

4.3.4.4 桩体类型变化下的桩身水平位移分析

桩体类型变化下的桩身水平位移变化规律如图 4-78 所示。

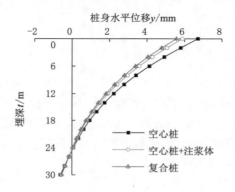

图 4-78 桩体类型变化下的桩身水平位移

由图 4-78 可以看出,桩长、桩径一定时,随桩侧土体物理力学性质的改善,桩身水平位移逐渐减小。与空心桩相比,空心桩+注浆体和复合桩的桩身最大水平位移分别减小了 12.3% 和 17.1%,表明随着桩侧土体物理力学性质不断改善,不同桩体类型的桩身水平位移均有降低趋势。

4.4 离心模型试验与数值仿真成果的对比

将离心模型试验结果与数值仿真结果进行对比分析,以验证研究成果应用于工程实际的可靠性。

4.4.1 桩土参数对超大直径空心独立复合桩竖向承载特性影响的对比

空心桩长径比变化下的桩基竖向承载力 Q_u 及其影响度 $\alpha_{L/D}$ 对比结果,见表 4-6 和图 4-79。

表 4-6　离心模型试验与数值仿真确定的承载力(kN)及影响度(%)

长径比	4	6	8	10
离心模型试验	0.867/0	1.029/18.6	1.185/36.7	1.333/53.7
数值仿真	17 861/0	20 886/16.9	23 790/33.2	26 553/48.7
注浆体厚度	0	0.5	1	—
离心模型试验	0.910/0	1.029/13.0	1.126/24.0	—
数值仿真	17 344/0	20 886/20.4	21 610/24.6	—
注浆体弹性模量	$1.0E_0$	$2.0E_0$	$3.0E_0$	$4.0E_0$
离心模型试验	0.910/0	1.028/13.0	1.108/21.8	1.134/24.6
数值仿真	17 435/0	20 886/19.7	22 000/26.2	22 476/28.9
水泥搅拌桩桩长	0	0.5L	0.8L	1.0L
离心模型试验	0.984/0	1.000/1.6	1.020/3.6	1.029/4.5
数值仿真	20 006/0	20 458/2.3	20 744/3.7	20 984/4.9
水泥搅拌桩弹性模量	$1.0E_0$	$2.0E_0$	$3.0E_0$	$4.0E_0$
离心模型试验	0.984/0	1.028/4.5	1.095/11.3	1.121/13.9
数值仿真	20 006/0	20 886/4.4	21 889/9.4	22 476/12.3
桩体类型	空心桩	空心桩＋注浆体	复合桩	—
离心模型试验	0.868/0	0.984/13.4	1.029/18.5	—
数值仿真	17 344/0	20 006/15.3	20 886/20.4	—

由表 4-6 和图 4-79 可知,随长径比、注浆体厚度、注浆体弹性模量、水泥搅拌桩桩长、水泥搅拌桩弹性模量的增加,离心模型试验和数值仿真两种方法所确定的竖向承载力及其影响度都逐渐增大,表现出了一致的规律,但在数值上存在一定差异。这是由于在数值仿真中建立的模型为理想化模型,不受外界各种因素的影响,而在离心模型试验中,当对地基土进行夯实时,可能导致地基土的扰动影响初始条件。此外,离心模型试验中为了最大程度减小试验误差,地基土未分层,故与数值仿真结果存在一定差异。

综上所述,数值仿真结果具有一定的可靠性,可为工程实际提供一定参考。

4.4.2　桩土参数对超大直径空心独立复合桩横向承载特性影响的对比

空心桩长径比变化下的桩基横向承载力 H_u 及其影响度 $\beta_{L/D}$ 对比结果见表 4-7 和图 4-80。

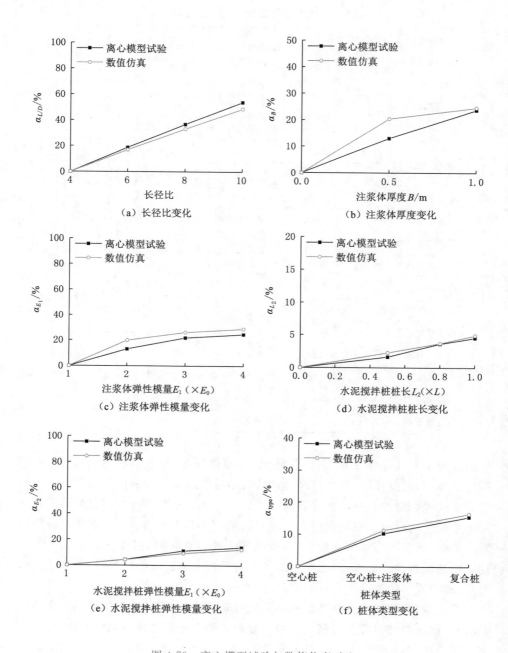

图 4-79　离心模型试验与数值仿真对比

表 4-7　离心模型试验与数值仿真确定的承载力(kN)及影响度(%)

长径比	4	6	8	10
离心模型试验	0.055/0	0.063/14.5	0.065/18.8	0.065/19.5
数值仿真	989/0	1 097/10.9	1 122/13.4	1 123/13.5
注浆体厚度	0	0.5	1	—
离心模型试验	0.056/0	0.063/12.9	0.065/16.7	—
数值仿真	957/0	1 078/12.5	1 119/16.9	—
注浆体弹性模量	$1.0E_0$	$2.0E_0$	$3.0E_0$	$4.0E_0$
离心模型试验	0.056/0	0.063/12.9	0.065/16.5	0.065/17.5
数值仿真	957/0	1 077/12.5	1 114/16.4	1 130/18.0
水泥搅拌桩桩长	0	0.5L	0.8L	1.0L
离心模型试验	0.060/0	0.061/2.2	0.063/4.5	0.063/4.7
数值仿真	1 049/0	1 075/2.4	1 097/4.5	1 098/4.6
水泥搅拌桩弹性模量	$1.0E_0$	$2.0E_0$	$3.0E_0$	$4.0E_0$
离心模型试验	0.060/0	0.063/4.7	0.064/6.7	0.064/7.2
数值仿真	1 049/0	1 097/4.6	1 110/5.8	1 123/7.1
桩体类型	空心桩	空心桩+注浆体	复合桩	—
离心模型试验	0.054/0	0.060/10.5	0.063/15.7	—
数值仿真	942/0	1 049/11.4	1 097/16.5	—

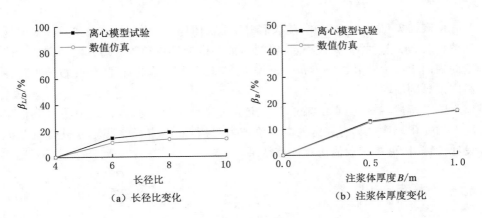

图 4-80　离心模型试验与数值仿真对比

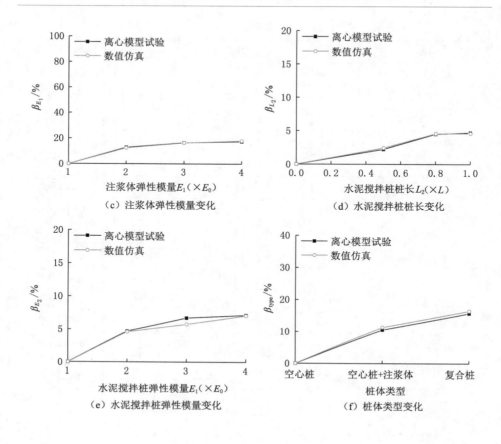

图 4-80　（续）

由表 4-7 和图 4-80 可知，随长径比、注浆体厚度、注浆体弹性模量、水泥搅拌桩桩长、水泥搅拌桩弹性模量的增加，离心模型试验和数值仿真两种方法所确定的横向承载力及其影响度都逐渐增大，表现出了一致的规律，但在数值上存在一定差异的原因同上节。

综上所述，数值仿真结果具有一定的可靠性，以此类推，在数值仿真其他工况下的变化规律也具有一定的参考价值，在进行超大直径空心独立复合桩基础设计计算时，可参考数值仿真计算结果。

4.5　本章小结

通过有限元软件模拟分析了超大直径空心独立复合桩基的受力性状，得出以下结论：

4.5.1　桩土参数对超大直径空心独立复合桩竖向承载特性的影响

（1）随桩长、桩径增加，复合桩的竖向承载力明显提高，且桩径对复合桩竖向承载力的影响程度远大于桩长的影响。

（2）注浆体厚度在 0.5～1.0 m 范围内增加时可明显强化桩-土间相互作用，提高复合桩的竖向承载力，且对摩擦桩承载力的提高作用大于端承桩；注浆体弹性模量在 $(3.0～4.0)E_0$ 范围内增加时对桩承载力的提高作用明显。

（3）水泥搅拌桩桩长在 $(0.5～1.0)L$ 范围内增加时对桩竖向承载力的提高作用明显；水泥搅拌桩弹性模量在 $(3.0～4.0)E_0$ 范围内增加时对复合桩承载力的提高作用较明显。

4.5.2　桩土参数对超大直径空心独立复合桩横向承载特性的影响

（1）根据 25 种不同尺寸超大直径空心独立复合桩的桩身水平位移分布情况，提出超大直径空心独立复合桩的刚性桩与弹性桩的分界点为 $L/D=6$，并给出第一位移零点位置随桩长的变化函数；随桩长、桩径增加，复合桩的横向承载力明显提高，且桩径对复合桩横向承载力的影响程度远大于桩长的影响，桩径大于 5.0 m 时，桩长可适当增加但不宜超过 40 m。

（2）注浆体厚度在 0.5～1.0 m 范围、注浆体弹性模量在 $(2.0～3.0)E_0$ 范围内增加时，注浆体的抗变形能力增强，桩基横向承载力显著提高，桩身弯矩与桩侧土抗力均有减小，且刚性桩受影响程度大于弹性桩。

（3）水泥搅拌桩桩长在 0.5～1.0 m 范围、水泥搅拌桩弹性模量在 $(3.0～4.0)E_0$ 范围内增加时，可明显增强外围深部土体的抗变形能力，对桩极限承载力的提高作用较明显，桩身弯矩与桩侧土抗力均有减小，且对刚性桩极限承载力增强作用大于弹性桩。

（4）在竖向和横向承载性能方面均表现为：复合桩＞空心桩＋注浆体＞空心桩，其中复合桩的竖向承载力较空心桩和空心桩＋注浆体分别提高了 15.3%、20.4%，复合桩的横向承载力较空心桩和空心桩＋注浆体分别提高了 11.4%、16.5%。

（5）根据离心模型试验与数值仿真的对比结果得出，虽受试验条件等因素影响两者结果在数值上有一定差异，但总体上反映的规律基本一致，说明数值仿真结果具有一定的可靠性，可为超大直径空心独立复合桩基础设计计算提供理论参考。

第5章 超大直径空心独立复合桩基础承载力理论计算方法

　　超大直径空心独立复合桩由空心桩、桩周注浆体和水泥搅拌桩组成,由于其荷载传递体系涉及空心桩、桩周注浆体、水泥搅拌桩与地基土四者之间的相互作用,比传统的桩-土荷载体系更为复杂,相应的分析方法也更为复杂。本章在超大直径空心独立复合桩基础承载特性离心模型试验和数值仿真分析的基础上,分析了该桩型在竖向、横向荷载下的荷载传递特性和破坏模式,引入等效弹性模量改进了剪切位移法和荷载传递法,并利用有限差分法推导了 p-y 曲线法的非线性解答过程,为提出科学的超大直径空心独立复合桩基础设计计算方法奠定理论基础。

5.1 竖向荷载作用下超大直径空心独立复合桩基础的理论计算方法

5.1.1 竖向荷载作用下超大直径空心独立复合桩基础的荷载传递特性

　　由于桩-土间的摩阻力,桩身在发生向下的沉降时带动桩侧土产生位移,在桩侧环形土体中产生剪应力和剪应变,如图 5-1、图 5-2 所示。

　　Randolph(兰多夫)等通过研究认为,在离桩体 nd 处剪应变减小到零,通常 n 取 8~15,d 为桩的直径,n 随桩顶竖向荷载大小、土性而变。超大直径空心独立复合桩基的承载力由桩侧阻力和桩端阻力两部分组成。桩侧阻力和桩端阻力发挥程度与桩-土之间变形有关,并且各自达到极限值时所需要的位移量不同。当桩顶不断加载时,桩侧阻力与桩端阻力在不断地发生变化,桩侧阻力与桩端阻力的分布也不断地调整,并且随着桩侧阻力的不断发挥,桩端阻力的影响也越来越大。随着荷载增大,桩身压缩和位移量增大,桩身下部的摩阻力随之调动起来。桩底土层也因受到压缩而产生桩端阻力。桩端土层的压缩加大了桩-土相对位移,从而使桩侧阻力进一步发挥出来。当桩侧阻力全部发挥出来达到极限后,若继续增加荷载,荷载增量将全部由桩端阻力承担。由于桩端持力层的大量压缩和塑性挤出,位移增长速度显著加大,直至桩端阻力达到极限,位移迅速增

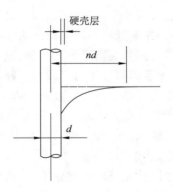

图 5-1　桩侧土变形示意图　　　图 5-2　桩侧土的剪应力和剪应变

大而破坏,此时桩所承受的荷载即为桩的极限承载力。

5.1.1.1　桩侧阻力受力特性

对于超大直径空心独立复合桩基础,其桩侧阻力的发挥分为三个步骤:第一步,空心桩桩身外壁的侧阻力传递至桩周注浆体中,也即空心桩的侧阻力由桩周注浆体提供;第二步,桩周注浆体将空心桩传来的荷载传给外圈的水泥搅拌桩,由水泥搅拌桩为注浆体提供侧阻力;第三步,水泥搅拌桩将荷载传到地基土体中,由水泥搅拌桩围护墙外侧的地基土提供侧阻力,如若水泥搅拌桩不与空心桩等长,则水泥搅拌桩会将荷载传递到搅拌桩外侧和搅拌桩底部的地基土中,荷载由水泥搅拌桩外侧地基土的摩阻力和底部的端阻力提供。因此,超大直径空心独立复合桩基础的侧阻力完全由桩周注浆体和水泥搅拌桩提供,在设计计算时需要考虑桩周注浆体和水泥搅拌桩的影响。

5.1.1.2　桩端阻力受力特性

超大直径空心独立复合桩基础桩端阻力的发挥与普通实心桩基基本相同。加荷初期,桩侧阻力一般先于桩端阻力发挥,当桩侧阻力充分发挥时,桩端阻力尚未充分发挥。要使桩端阻力能充分发挥,需更多的桩顶沉降量。实际上,桩端岩土体除受空心桩的荷载作用外,还受到桩侧阻力及桩端平面以上注浆体和水泥搅拌桩荷载的作用,其受力相当复杂,破坏机理类似于局部荷载下的承压破坏。超大直径空心独立复合桩基础的承载特性随其长径比 L/D 变化,当长径比大于 6 时,在竖向荷载作用下表现出摩擦桩的特性,其桩端阻力 p_D 占总承载力的 20%～30%;当长径比小于 6 时,其桩端阻力 p_D 占总承载力的比例增大,逐渐表现出端承桩的性质。桩端阻力占总承载力的比例还与桩土模量比 E_p/E_r (桩身模量 E_p,桩端地基土模量 E_r)有关,随桩土模量比的增大而减小。总体来说,桩端阻力的发挥是以长径比 L/D 和桩端土体的压缩变形为度量的。

超大直径空心独立复合桩基础荷载沿桩身的传递是桩侧阻力自上而下逐步发挥,即先通过空心桩桩周注浆体提供侧摩阻力,随后侧摩阻力发挥充分,端阻力开始发挥并逐渐增大,直至极限承载力。

5.1.2 竖向荷载作用下超大直径空心独立复合桩基础的破坏模式

超大直径空心独立复合桩基在竖向荷载下可能出现的破坏模式随长径比 L/D 变化,当长径比大于 6 时,表现出摩擦桩的破坏模式;当长径比小于 6 时,表现出端承桩的破坏模式。关于摩擦桩与端承桩的界定方法可见 4.3.1 小节中的讨论,这里不再赘述。

摩擦桩在竖向荷载作用下,可能会出现的破坏模式有:桩身混凝土的压裂破坏及刺入破坏。超大直径空心独立复合桩的摩擦桩破坏模式见表 5-1。

表 5-1 摩擦桩的破坏模式

破坏模式	破坏的特征
桩身混凝土压裂	空心桩在竖向荷载作用下桩身轴力过大,导致桩身混凝土压裂,不适于继续承载。承载力取决于桩身混凝土的强度
刺入破坏	土体的竖向和侧向压缩量大,基础竖向位移量大,沿基础周边产生不连续的向下辐射形剪切,桩基"刺入"土中,基底水平面无隆起出现。承载力取决于空心桩桩身的沉降

端承桩在竖向荷载作用下,可能会出现的破坏模式有:桩身材料强度不足产生的纵向挠曲破坏及桩端地基强度不足而产生的整体剪切破坏、局部剪切破坏。竖向荷载作用下超大直径空心独立复合桩的端承桩破坏模式见表 5-2。

表 5-2 端承桩的破坏模式

破坏模式	破坏的特征	持力层情况
纵向挠曲破坏	空心桩在轴向受压荷载作用下,桩身出现挠曲断裂破坏,在荷载-沉降曲线上呈现出明确的破坏荷载,桩基承载力取决于桩身的材料强度	桩底土层坚硬,桩侧土为软土层
整体剪切	连续的剪切滑裂面展开至基底水平面,基底水平面土体出现隆起,基础沉降急剧增大,曲线上破坏荷载特征点明显	桩端持力层为密实的砂、粉土和硬黏性土,上覆层为软土层,且桩不长
局部剪切	基础沉降所产生的土体侧向压缩量不足以使剪切滑裂面展开至基底水平面,基础侧面土体隆起量较小	桩端持力层为密实的砂、粉土和硬黏性土

因此,超大直径空心独立复合桩的竖向承载力取决于桩侧与桩端土的强度、桩本身的材料强度、空心桩外壁与注浆体之间的黏结强度。

5.1.3　竖向荷载作用下超大直径空心独立复合桩基础理论分析方法的改进

超大直径空心独立复合桩由空心桩、桩周注浆体和水泥搅拌桩组成,如图 5-3 所示。竖向荷载主要由空心桩承担,作用在空心桩上的竖向应力通过空心桩与桩周注浆体之间的黏结或摩擦、桩周注浆体与水泥搅拌桩之间的黏结或摩擦以及水泥搅拌桩与桩周土体之间的摩擦将荷载逐步传递到桩周土体,从而形成荷载从空心桩-桩侧注浆体-水泥搅拌桩-桩周土体的三层扩散模式,即强→中→弱的抗压强度渐变过程。另外,有部分荷载通过桩端传递到桩端土体中。

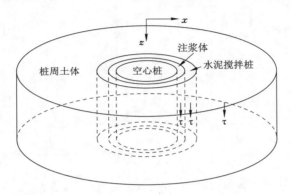

图 5-3　超大直径空心独立复合桩模型

已有对桩-水泥土接触面摩擦力分析研究表明,虽然水泥土、注浆土和混凝土桩的抗压强度相差较大,且水泥土与混凝土桩界面的平均摩擦力随水泥土和注浆土抗压强度的提高而增加,但水泥土、注浆土单位强度平均摩阻力所提供的摩阻力相差不多。混凝土桩与水泥土界面的摩擦力至少可以达到 $0.194 f_{cu}$(水泥土抗剪强度),实际工程中水泥土与桩周土的极限侧摩阻力约为 0.5 MPa,比混凝土与注浆土之间、注浆土与水泥土之间的摩擦阻力值低数倍。因此,认为超大直径空心独立复合桩中空心桩、注浆体及水泥搅拌桩之间能够共同作用而不首先发生破坏,即假定界面无相对滑移。关于单一材料桩的分析方法主要有剪切位移法、弹性理论法和荷载传递法等,本书分别基于剪切位移法和荷载传递法,建立超大直径空心独立复合桩基础的力学模型,提出适用于该桩型的承载力与沉降的改进理论计算公式。

5.1.3.1　剪切位移法

剪切位移法也称剪切变形传递法,是 1974 年库克提出的摩擦桩的荷载传递物理模型。库克假定当荷载水平 p/p_u 较小时,桩在竖向荷载作用下沉降较小,桩-土之间不产生相对位移。桩沉降时周围土体随之发生剪切变形,剪应力从桩侧表面沿径向扩散至周围土中,且假定桩侧上下土层之间无相互作用。此外,认为桩基在工作状态下,桩端阻力比重较小,计算时忽略不计,也就是假定桩的沉降主要是由桩侧荷载传递引起。根据上文超大直径空心独立复合桩基础界面无相对滑移的假定,利用剪切位移法对其进行分析。

（1）力学模型的建立

超大直径空心独立复合桩的力学模型如图 5-4 所示。

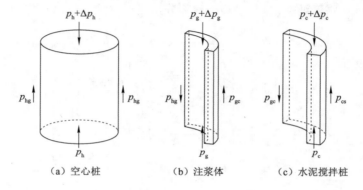

（a）空心桩　　　　　（b）注浆体　　　　　（c）水泥搅拌桩

图 5-4　超大直径空心独立复合桩力学模型

根据竖向应力平衡条件,超大直径空心独立复合桩的空心桩、注浆体和水泥搅拌桩各部分有:

$$\frac{\partial p_h}{\partial z} = -U_h \cdot p_{hg} \tag{5-1}$$

$$\frac{\partial p_g}{\partial z} = U_h \cdot p_{hg} - U_g \cdot p_{gc} \tag{5-2}$$

$$\frac{\partial p_c}{\partial z} = U_g \cdot p_{gc} - U_c \cdot p_{cs} \tag{5-3}$$

式中　p_h、p_g、p_c——空心桩、注浆体和水泥搅拌桩部分的竖向应力;

U_h——空心桩截面周长;

U_g——注浆体截面周长;

U_c——水泥搅拌桩形成的帷幕截面周长;

p_{hg}——空心桩受到注浆体的摩阻力;

p_{gc}——注浆体受到水泥搅拌桩的摩阻力;

p_{cs}——水泥搅拌桩受到桩周土体的摩阻力。

由弹性压缩条件得：

$$p_h = - E_h \cdot A_h \cdot \frac{\partial w}{\partial z} \tag{5-4}$$

$$p_g = - E_g \cdot A_g \cdot \frac{\partial w}{\partial z} \tag{5-5}$$

$$p_c = - E_c \cdot A_c \cdot \frac{\partial w}{\partial z} \tag{5-6}$$

式中　E_h、A_h——空心桩的弹性模量和截面面积；

　　　E_g、A_g——注浆体的弹性模量和截面面积；

　　　E_c、A_c——水泥搅拌桩的弹性模量和帷幕截面面积；

　　　w——桩身的竖向变形。

将式(5-4)、式(5-5)、式(5-6)代入式(5-1)、式(5-2)、式(5-3)中可得：

$$E_h \cdot A_h \cdot \frac{\partial^2 w}{\partial z^2} - U_h \cdot p_{hg} = 0 \tag{5-7}$$

$$E_g \cdot A_g \cdot \frac{\partial^2 w}{\partial z^2} + U_h \cdot p_{hg} - U_g \cdot p_{gc} = 0 \tag{5-8}$$

$$E_c \cdot A_c \cdot \frac{\partial^2 w}{\partial z^2} - U_g \cdot p_{gc} - U_c \cdot p_{cs} = 0 \tag{5-9}$$

由式(5-7)、式(5-8)、式(5-9)相加变换后得：

$$(E_h A_h + E_g A_g + E_c A_c) \cdot \frac{\partial^2 w}{\partial z^2} - U_c \cdot p_{cs} = 0 \tag{5-10}$$

式(5-10)即为超大直径空心独立复合桩的内力和变形的基本方程，建立桩身位移 w 与桩周摩阻力 p_{cs} 之间的关系后可对该方程求解。

(2) 方程的求解

图 5-5 所示为超大直径空心独立复合桩周围土体剪切变形的模式。

假定在工作荷载下，桩体本身的压缩变形很小，可忽略不计，桩-土之间的黏着力保持不变，即空心桩与注浆体界面、注浆体与水泥搅拌桩界面以及水泥搅拌桩与地基土界面均不发生滑移。在桩-土体系中任一高程平面 OX，分析沿桩周的环形单元 $ABCD$，桩在受荷前 $ABCD$ 位于水平面位置，桩受荷载发生沉降后，单元 $ABCD$ 随之发生位移，并发生剪切变形，变为 $A'B'C'D'$，且剪应力将继续沿径向向周围土体传递到 x 点(距桩中心 r_m 处)，传递到在 x 点处的剪应力已经很小，可忽略不计。假设桩周土体只发生剪切变形，按照弹性理论，则桩周土体的摩阻力与桩身位移成正比，有：

$$U_c \cdot p_{cs} = k_1 \cdot w \tag{5-11}$$

设桩体半径为 r_c，最大影响半径为 r_m，兰多夫忽略土体径向变形的影响得出：

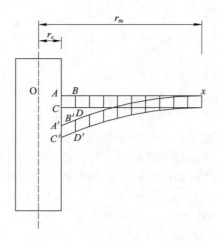

图 5-5　剪切变形传递法桩身荷载传递模型

$$k_1 = \frac{2\pi G_s}{\ln(r_m/r_c)} \tag{5-12}$$

罗维德假定土体剪切位移曲线为抛物线得出：

$$k_1 = \frac{2\pi G_s(2+\lambda)}{3\lambda} \tag{5-13}$$

式中，$\lambda = \dfrac{r_m - r_c}{2r_c}$；$G_s$ 为土体剪切模量。

将式(5-11)代入式(5-10)得：

$$\frac{\partial^2 w}{\partial z^2} - \mu^2 w = 0 \tag{5-14}$$

式中，$\mu = \sqrt{\dfrac{k_1}{E_h A_h + E_g A_g + E_c A_c}}$。

式(5-14)的通解为：

$$w = C_1 e^{\mu z} + C_2 e^{-\mu z} \tag{5-15}$$

相应的空心桩、注浆体及水泥搅拌桩三部分的竖向应力分别为：

$$p_h = -E_h A_h \mu (C_1 e^{\mu z} - C_2 e^{-\mu z}) \tag{5-16}$$

$$p_g = -E_g A_g \mu (C_1 e^{\mu z} - C_2 e^{-\mu z}) \tag{5-17}$$

$$p_c = -E_c A_c \mu (C_1 e^{\mu z} - C_2 e^{-\mu z}) \tag{5-18}$$

设桩端总竖向应力与桩端位移成正比，即：

$$p_h(L) + p_g(L) + p_c(L) = k_2 w(L) \tag{5-19}$$

式中　k_2——按刚性墩的无限弹性地基沉降公式得出：

$$k_2 = \frac{4 r_c G_s}{1 - \mu_s} \tag{5-20}$$

式中　μ_s——土体泊松比。

在桩顶，桩体总竖向应力等于桩顶荷载 p_0，即：

$$p_h(0) + p_g(0) + p_c(0) = p_0 \tag{5-21}$$

将式(5-15)～式(5-18)代入式(5-19)、式(5-21)，求出系数 C_1、C_2，再代回式(5-15)～式(5-18)即可得出：

$$w = \frac{\dfrac{1}{k_2}\cosh[\mu(L-z)] + \dfrac{\mu}{k_1}\sinh[\mu(L-z)]}{\cosh(\mu L) + \dfrac{k_1}{\mu k_2}\sinh(\mu L)} \tag{5-22}$$

$$p_h = \frac{\dfrac{1}{k_2}\sinh[\mu(L-z)] + \dfrac{\mu}{k_1}\sinh[\mu(L-z)]}{\cosh(\mu L) + \dfrac{k_1}{\mu k_2}\sinh(\mu L)} \cdot \mu E_h A_h p_0 \tag{5-23}$$

$$p_g = \frac{\dfrac{1}{k_2}\sinh[\mu(L-z)] + \dfrac{\mu}{k_1}\sinh[\mu(L-z)]}{\cosh(\mu L) + \dfrac{k_1}{\mu k_2}\sinh(\mu L)} \cdot \mu E_g A_g p_0 \tag{5-24}$$

$$p_c = \frac{\dfrac{1}{k_2}\sinh[\mu(L-z)] + \dfrac{\mu}{k_1}\sinh[\mu(L-z)]}{\cosh(\mu L) + \dfrac{k_1}{\mu k_2}\sinh(\mu L)} \cdot \mu E_c A_c p_0 \tag{5-25}$$

5.1.3.2　荷载传递法

荷载传递法也称传递函数法，于 1957 年由 Seed(锡德)和 Reese(里斯)最先提出，用来分析桩的荷载传递规律与沉降计算。该方法将桩划分为许多弹性单元，每个单元与土体之间用非线性联系，以模拟桩-土之间的荷载传递关系，桩端单元用线性或非线性弹簧与桩端土联系。这些弹簧的应力-应变关系即为桩侧阻力或桩端阻力与剪切位移之间的关系，亦称传递函数。考虑到超大直径空心独立复合桩的径向非均匀介质分布特点，基于荷载传递法，提出该新型桩的竖向承载力及沉降计算公式。

(1) 等效弹性模量的引入

超大直径空心独立复合桩属于径向非均质材料，本书引入等效弹性模量这一概念将非均质的弹性模量等效为均质的弹性模量。假设超大直径空心独立复合桩的空心桩弹性模量为 E_h，注浆体弹性模量为 E_g，水泥搅拌桩弹性模量为 E_c，假定在桩顶竖向荷载作用下空心桩、注浆体和水泥搅拌桩三相产生应变相同，则超大直径空心独立复合桩的等效弹性模量 E_p 可表示为：

$$E_p = \varphi_h E_h + \varphi_g E_g + \varphi_c E_c \tag{5-26}$$

式中　　φ_h、φ_g、φ_c——空心桩、注浆体和水泥搅拌桩的体积分数，且 $\varphi_h + \varphi_g + \varphi_c = 1$。

（2）荷载传递模型的建立

众多学者对桩的荷载传递函数进行了大量研究，将桩划分为 n 个弹性单元，每个单元与土体之间通过非线性弹簧或线性弹簧相互连接，以模拟桩与土之间的荷载传递关系。本书根据超大直径空心独立复合桩的受力特点，桩侧阻力和桩端阻力与桩身沉降之间的关系均选用双曲线模型进行描述，如图 5-6 所示。其荷载传递函数分别表示为：

$$\tau = \frac{s}{a + bs} \tag{5-27}$$

$$\sigma_b = \frac{s_b}{a_b + b_b s_b} \tag{5-28}$$

式中　　τ、σ_b——桩侧阻力和桩端阻力；

　　　　s、s_b——桩身沉降和桩端沉降；

　　　　a、b 和 a_b、b_b——桩侧和桩端地基的荷载传递参数。

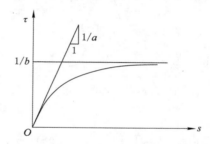

图 5-6　桩侧阻力或桩端阻力与桩身位移的关系

（3）桩身荷载传递微分方程的建立及求解

竖向荷载作用下，桩-土相互作用模型如图 5-7 所示。

取桩身上任意一个微单元，设桩身周长为 U_p，根据静力平衡条件可得：

$$\frac{\mathrm{d}p(z)}{\mathrm{d}z} = -U_p \tau_z \tag{5-29}$$

根据应变的定义可以得到微单元体产生的弹性压缩量为：

$$\mathrm{d}s = -\frac{p(z)}{E_p A_p}\mathrm{d}z \tag{5-30}$$

式中　　A_p——复合桩的横截面积。

由

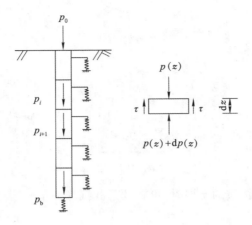

图 5-7　桩-土相互作用模型

$$\frac{\mathrm{d}p}{\mathrm{d}z} = \frac{\mathrm{d}p}{\mathrm{d}s} \cdot \frac{\mathrm{d}s}{\mathrm{d}z} \tag{5-31}$$

可得

$$\frac{\mathrm{d}p}{\mathrm{d}s} = \frac{U_p E_p A_p}{p}\tau \tag{5-32}$$

将荷载传递双曲线模型关系式(5-27)代入式(5-30)可以得到：

$$p\mathrm{d}p = U_p E_p A_p \frac{s}{a+bs}\mathrm{d}s \tag{5-33}$$

式(5-33)即为桩身荷载传递的微分方程。

代入初始条件 $p=0, s=0$，同时令 $\beta = \sqrt{2U_p E_p A_p}$，可得：

$$p = \frac{\beta}{b}\sqrt{bs - a\ln(1+\frac{b}{a}s)} \tag{5-34}$$

式中　β——与桩身截面周长、截面面积、弹性模量有关的常数。

式(5-34)中考虑了桩的初始条件而未考虑桩的边界条件,故只反映了桩身任意截面处的弹性压缩量与其对应的轴力之间的关系,而未反映桩端土沉降变形对桩身轴力的影响。由桩的工作机理可知,桩顶的总沉降变形包括桩身压缩变形与桩端土沉降变形两部分,根据荷载传递双曲线模型引入桩端土的沉降变形量与其对应的桩端阻力之间的关系式：

$$p_b = A_p \sigma_b = \frac{A_p s_b}{a_b + b_b s_b} \tag{5-35}$$

对于超大直径空心独立复合桩来说,桩身任意截面处的荷载 $p(z)$ 由两部分构成:一是使桩身产生弹性压缩变形所需的轴力 $p_e(z)$;二是使桩端土产生沉降

变形所需的轴力 p_b。

因此，桩身任意截面处的荷载 $p(z)$ 可表示为：

$$p(z) = p_e(z) + p_b$$

$$= \frac{\beta}{b_s} \sqrt{b_s s_e(z) - a_s \ln(1 + \frac{b_s}{a_s} s_3(z))} + \frac{A_p s_b}{a_b + b_b s_b} \tag{5-36}$$

当在桩顶处 $z = 0$ 时，$s_e(0) = s_{e0}$，此处的 s_{e0} 为整个桩身产生的总弹性压缩量，因此可以得到桩的 p-s 曲线表达式为：

$$p_0 = \frac{\beta}{b_s} \sqrt{b_s s_{e0} - a_s \ln(1 + \frac{b_s}{a_s} s_{e0})} + \frac{A_p s_b}{a_b + b_b s_b} \tag{5-37}$$

当桩穿过不同性质的土层时，可将其荷载沉降关系表达为：

$$p_0 = \beta \sum_{i=1}^{n} \frac{1}{b_{si}} \sqrt{b_{si} s_{ei} - a_{si} \ln(1 + \frac{b_{si}}{a_{si}} s_{ei})} + \frac{A_p s_b}{a_b + b_b s_b} \tag{5-38}$$

式中　n——桩所穿过的不同性质的土层的层数；

a_{si}、b_{si}——与桩侧第 i 层土的性质有关的荷载传递参数。

5.1.4　理论分析方法的对比验证

算例取本书数值仿真中超大直径空心独立复合桩基础的桩土计算参数：空心桩桩长、注浆体深度、水泥搅拌桩桩长取 30 m，空心桩桩径取 5 m，注浆体厚度和水泥搅拌桩桩径取 0.5 m，注浆体弹性模量和水泥搅拌桩弹性模量取 $2.0E_0$。其他参数取值见表 5-3。

表 5-3　算例工况

材料名称	弹性模量 E/MPa	泊松比 μ	黏聚力 c/kPa	内摩擦角 φ/(°)	容重 γ/(kN/m³)
混凝土	30×10^3	0.20	—	—	22
粉质黏土	20.0	0.25	27	25	17
黏土	50.0	0.25	40	20	21

在剪切位移法中，关于土体影响半径 r_m 的取值，本书采用库克提出的 $r_m = 20r_c$，k_1 按兰多夫假定取值，见式（5-12）。

在荷载传递法中的，桩侧土的荷载传递参数 a_s 根据兰多夫等提出的计算方法：

$$a_s = \frac{R_0 \ln(R/R_0)}{G_0} \tag{5-39}$$

式中　G_0——土在小应变下的剪切模量，采用 K-G 弹性模型法确定取

$$G_0 = \frac{E}{2(1+\mu)};$$

R_0——桩身横截面半径；

R——桩侧土变形的影响半径，根据 Baguelin(巴格兰)等的研究，一般取 $\ln(R/R_0)$。

$1/b_s$ 为桩侧土的摩阻力极限值，可根据下式确定：

$$\frac{1}{b_s} = \tau_f = c + \sigma_0 \tan\varphi = c + k_0 rz \tan\varphi \tag{5-40}$$

式中　σ_0——z 深度处的静止土压力；

k_0——静止土压力系数，可按 $k_0 = 1 - \sin\varphi$ 取值；

z——计算点深度。

在计算桩端土的荷载传递参数时，兰多夫建议可以采用布西内斯克公式进行求解，其变形表达式为：

$$\frac{1}{a_b} = \frac{p_b}{s_b} = \frac{E_0}{\omega D(1-\mu^2)} = \frac{\beta E_s}{\omega D(1-\mu^2)} \tag{5-41}$$

式中　E_0——土的变形模量；

E_s——土的压缩模量；

β——常数，$\beta = 1 - 2\mu k_0$；

ω——沉降影响系数，对刚性荷载板可取 0.79(圆板)。

根据 Terzaghi(太沙基)提出的关于圆形基础半经验的极限荷载公式可得：

$$\frac{1}{b_b} = p_u = 0.6\gamma R N_\gamma + q N_q + 1.2 c N_c \tag{5-42}$$

式中　q——荷载大小，$q = \sum_{i=1}^{n} \gamma_i l_i$；

p_u——地基土的极限承载力；

γ——桩底土的重度；

R——圆形基础的半径；

γ_i——桩端平面以上第 i 层土的重度；

c——黏聚力；

N_γ、N_q、N_c——承载力系数，仅与土的内摩擦角有关，可由太沙基公式承载力系数表得到。

将改进的剪切位移法(本书方法 1)和改进的荷载传递法(本书方法 2)与数值仿真结果进行对比，如图 5-8 所示。

由图 5-8 可以看出，本书提出的两种理论方法都可用于超大直径空心独立复合桩基础的承载力及沉降计算，本书方法 1、方法 2 和数值仿真得出的竖向承载力分别为 20 117.4 kN、19 457.3 kN 和 20 983.8 kN，相对数值模拟的误差分别为 4.1% 和 7.3%。其中基于剪切位移法的改进方法由于对材料做线性假定，

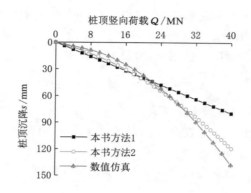

图 5-8　本书方法与数值仿真的计算结果对比

计算结果也为线性,但是实际土体的应力-应变关系为非线性的,因而计算结果与数值仿真结果有一定差异,但是在工程应用中多以沉降控制设计,对其采用适当的修正,在实际应用中可以取得较为满意的效果。与剪切位移法相比,荷载传递法能够模拟土体的非线性,但由于桩-土之间的荷载传递关系十分复杂,影响因素很多,传递函数的建立十分困难,在本节中采用双曲线模型模拟桩侧阻力与桩身沉降、桩端阻力与桩端沉降之间的关系,其计算结果与实测吻合较好。

5.2　横向荷载作用下超大直径空心独立复合桩基础的理论计算方法

5.2.1　横向荷载作用下超大直径空心独立复合桩基础的荷载传递特性

超大直径空心独立复合桩基横向荷载作用下,桩身产生横向位移或挠曲,并与桩侧土协调变形。作用在超大直径空心独立复合桩顶处的横向荷载,使桩身产生横向位移而对桩周的高压旋喷注浆体产生侧向压应力,将荷载传至注浆体中,同样注浆体对水泥搅拌桩产生侧向压应力,将荷载传至水泥搅拌桩墙中,最后由水泥搅拌桩墙将荷载传递至地基土中,地基土对水泥搅拌桩墙产生侧向土抗力。桩、土共同作用,互相影响。

关于刚性桩与弹性桩的界定方法可见 4.4.1 小节中的讨论,这里不再赘述。超大直径空心独立复合桩基础在横向荷载作用下的工作状态可由长径比 L/D 界定,包括两种情况:

第一种情况:长径比 $L/D>6$ 时,体现出弹性长桩的工作性状。当桩径较小、桩的入土深度较大或桩周土的性质较好时,桩在横向荷载下产生较大水平位移,桩周土不致产生很大的塑性变形,此时桩周土对桩的嵌固作用仍然存在。换句话说,桩的水平位移和土的塑性变形很小,桩长范围内大部分土体仍处在弹性变形阶段,所以在达到一定深度后几乎不受荷载影响。如果横向荷载持续增大,桩身可能在较大弯矩处发生断裂,或者桩身的横向位移超过容许变形值。因此,超大直径空心独立复合桩基的横向容许承载力将由桩身材料的抗弯强度和侧向变形条件决定。

第二种情况:长径比 $L/D<6$ 时,体现出刚性短桩基础的工作性状。当桩径较大、桩的入土深度较小或桩周土的性质较差时,桩在横向荷载下挠曲变形较小或无挠曲变形。如果横向荷载持续增加,可能由于桩周土的强度不足而发生偏斜失稳,导致超大直径空心独立复合桩基承载力损失。因此,超大直径空心独立复合桩基的横向容许承载力将由桩周土的强度决定。

5.2.2　横向荷载作用下超大直径空心独立复合桩基础的破坏模式

研究横向荷载作用下超大直径空心独立复合桩基的工作性能,也就是研究桩基础结构和土体之间的相互作用的工作性能,桩身混凝土、注浆体、水泥搅拌桩的材料强度和桩基外侧土的抗力在很大程度上对桩基水平承载能力起着决定作用。超大直径空心独立复合桩基础的工作状态分为弹性长桩和刚性短桩两种。当长径比较大时,在横向荷载施加之初,弯曲变形的产生是为了抵抗横向荷载的作用。随着挠曲变形逐渐增大,桩周土抗力在桩基挤压下产生,阻止桩的挠曲变形增加,形成了复杂的桩-土体系。当变形增大到桩体无法承受或桩周土失稳时,桩-土体系将受到破坏。当长径比较小时,桩在横向荷载作用下发生偏斜,桩周土对桩产生土抗力,阻止偏斜的增加。当桩偏斜到一定程度不能继续承载时,桩-土体系将受到破坏。

超大直径空心独立复合桩基的长径比、岩土体的性质、桩身材料强度决定了桩-土体系的破坏模式。

5.2.2.1　弹性长桩破坏模式

超大直径空心独立复合桩基长径比大于 6 时,表现出弹性长桩的破坏模式,在横向荷载作用下发生挠曲变形(水平位移和转角),如图 5-9 所示。

桩身发生挠曲变形时,随着荷载的增加,桩周土的屈服区域逐渐向下扩展,桩身最大弯矩截面也随着上部土抗力的减小而向下移动。弹性长桩的横向容许承载力是由桩身材料的抗弯强度和侧向变形条件决定的。然而,在桩-土体系破坏前,桩顶会产生较大位移,这往往使结构不能正常使用或超出位移容许值范围。

5.2.2.2　刚性短桩的破坏性状

超大直径空心独立复合桩基长径比小于 6 时,表现出刚性短桩的破坏模式,在横向荷载作用下不是发生明显的挠曲变形,而是绕着桩身某一点转动,如图 5-10 所示。如果横向荷载持续增加,桩基可能由于桩周土体强度不足而失去承载力或发生破坏。因此,桩的横向容许承载力可能由桩侧土体的强度和稳定性决定。

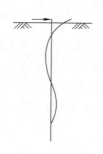

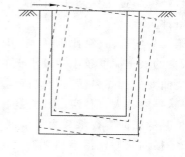

图 5-9　弹性长桩破坏模式　　　　　　图 5-10　刚性短桩破坏模式

5.2.3　横向荷载作用下超大直径空心独立复合桩基础理论分析方法的探讨

5.2.3.1　现有横向受荷桩理论分析方法的特点

与桩基的竖向承载特性相比,桩基横向受力特性更为复杂。现有的横向荷载下桩基受力的理论分析方法可分为以下几个大类:

(1) 地基反力法

地基反力法包括极限地基反力法和弹性地基反力法两种。

① 极限地基反力法。该法假定地基土处于极限平衡状态,同时假定地基土反力分布形式,而后由桩的力学平衡条件求得桩侧土抗力。根据极限状态下桩侧土反力分布的不同假定形式,可分为二次曲线分布法(恩格尔系数法)、直线分布法(雷斯法、冈部法、斯奈特科法、布罗姆司法)和任意部分近似直线法(挠度曲线法)。由于不考虑桩身与地基土的变形特性,该法不适用于一般的桩基变形问题研究,不能用于弹性长桩和含有斜桩的桩结构物计算。

② 弹性地基反力法。基于 Winkler 地基模型,将土体假定为弹性体,用梁的弯曲理论求解桩的水平抗力。其假定桩侧土抗力 p 与桩的位移 x 的 m 次方成比例且与土的深度 z 有关,即:

$$p(x,z) = k(z) \cdot x^m \tag{5-43}$$

式中　k——由土的弹性决定的地基反力系数,与深度有关;

　　　　m——位移指数。

根据 m 取值不同,弹性地基反力法又可分为 $m \neq 1$ 的非线性弹性地基反力法和 $m = 1$ 的线性弹性地基反力法。

非线性弹性地基反力法最具代表性性的是里法特提出 $m=0.5$ 的港湾研究法(久保法和林一宫岛法)。非线性弹性地基反力法可以更实际地反映桩的受力动态,适用于竖直桩、栈桥(即柔性系缆浮标)等有较大位移的结构计算。但是由于解算较困难,实际应用非常受限。

线性弹性地基反力法根据地基反力系数 k 的不同假定可分为常数法、k 法、m 法和 c 法。

常数法(张氏法)假定地基反力系数沿深度为常数分布,仅适用于超固结黏性土、地表有硬层的黏性土和地表密实的砂性土等情况,而对于非黏性土和正常固结黏性土,地面处土体实际侧向抗力很小,与该法假定矛盾。

k 法假定地基反力系数在第一弹性零点以上呈凹形抛物线分布,第一弹性零点以下为常数。该法过多忽略近地面的桩侧土抗力,所得的桩身最大弯矩值大于实际值,偏于保守,且随着桩入土深度的加大,k 法计算的桩顶位移与转角也越大,与实际差异较大。

m 法假定地基反力系数随深度线性增加,即:

$$k(z) = mz \tag{5-44}$$

该法既可用解析法也可用数值解法求解,使用较方便,是我国现行铁路、公路桥梁以及建筑桩基等相关规范推荐使用的方法之一,主要适用于正常固结的黏性土和一般砂土。但该法也有缺点,地基反力系数的比例系数 m 敏感性较强,影响 m 的因素较多,除受地质条件影响外还受水平荷载大小、桩体刚度等因素影响,在无试桩的情况下,很难给出合适的 m 值。此外,在桩顶位移较小时,m 法能较好反映桩的受力特性,但当桩身位移较大时,桩侧土进入非线性状态,该该法算得的桩身位移、桩身弯矩及其位置等与实际有一定差异。

c 法假定地基反力系数随深度呈抛物线增加,是我国公路部门应用较多的一种方法,其地基反力模式为:

$$\begin{cases} k = cx^{0.5} & z \leqslant 4.0/\lambda \\ k = c(4.0/\lambda)^{0.5} = \text{const} & z > 4.0/\lambda \end{cases} \tag{5-45}$$

式中　λ——桩的特征值;

　　　c——水平地基反力系数随深度变化的比例系数;

　　　z——桩的入土深度。

土体作为一种弹塑性体,即使在小位移条件下,力与位移也难以满足线弹性关系。当荷载较大、桩周土进入塑性阶段时,采用线弹性地基反力法求得的桩身弯矩与位移是不合适的;在荷载较小、桩周土体处于弹性状态时,采用线弹性地基反力法计算得出的结果与实际情况较为吻合。因此,弹性地基反力法在应用时应综合考虑土类、桩变位及荷载水平等因素,选取较为合理的地基反力模式。

(2) 复合地基反力法（p-y 曲线法）

p-y 曲线法最早由美国 Matlock（马特洛克）提出，考虑了桩-土作用的非线性和土的塑性影响，该法在塑性区采用极限地基反力法，在弹性区采用弹性地基反力法，然后根据弹性区与塑性区边界上的连续条件求解桩的水平抗力。因土的最终位移是弹性区和塑性区的判定标准，故广义上得名 p-y 曲线法。根据不同的塑性区和弹性区的地基反力分布假定模型，常用的复合地基反力法有长尚法、竹下法、布罗姆斯法、斯奈特科法、马特洛克法（黏土，也称 API 规范法）和里斯-考克斯库普法（砂土，也称原 API 规范法）、河海大学法。

复合地基反力法由于能较好反映地基的非弹性性质及由地表开始的渐进性破坏现象，是目前国外最为流行的分析方法。但计算时须对地基性质作数学模型以及反复收敛计算验证模型可靠性，这是该法的不便利之处。对于承受反复荷载、振动荷载且应变较大的桩基宜采用该法，是我国港口桩基规范建议采用的方法。

(3) 弹性理论法

弹性理论法假定土体为各向同性半空间弹性体，并假定土的弹性系数为常数或随深度按一定规律变化。计算时将桩分为若干微单元，根据半无限体中受水平力发生位移的 Mindlin 方程估算微单元中心处的桩周位移，根据桩的挠曲方程求得桩的位移，用有限差分法表达。根据桩-土位移协调条件，求解得到桩顶位移和转角。

弹性理论法将土体视为连续介质，能更准确地反映土体对桩的作用效应，即可以考虑水平荷载作用下桩-土脱离和土的局部屈服，有助于桩-土性状的进一步探索，但是土体的弹性系数难以确定，且未将土体视为彼此独立的弹簧，故不能考虑土体的线性问题，在实际应用中较少。

5.2.3.2　横向荷载作用下超大直径空心独立复合桩基础简化 p-y 曲线法的修正

采用 p-y 曲线法对横向受荷桩计算时，一般采用差分法或有限杆单元法进行数值求解，计算非常烦琐。Hsiung（熊）基于地基反力法和简化的 p-y 曲线关系，假定地基反力模量 k_s 沿深度保持不变，给出了单层地基水平受荷桩计算的解析解，如图 5-11 所示。

对于桩顶自由，同时作用横向荷载和弯矩时，桩顶最大位移 U_{max} 的表达式为：

$$U_{max} = u_{y_0} x_u \tag{5-46}$$

$$x_u = \begin{cases} y_p + y_m & y_p + y_m \leqslant 1 \\ \dfrac{1}{2} + \dfrac{y_p}{3} + \dfrac{y_p^4}{12} + \dfrac{y_p^2 y_m}{2} + \dfrac{y_m^2}{2} + \dfrac{2 y_p}{3} \left(\dfrac{y_p^2}{4} + y_m \right)^{3/2} & y_p + y_m > 1 \end{cases}$$

$$\tag{5-47}$$

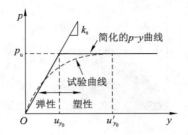

图 5-11　简化的 p-y 曲线

式中　x_u——桩身无量纲最大挠度；

　　　u_{y_0}——桩侧土体达到极限抗力时对应的位移；

　　　y_p、y_m——无量纲水平力和弯矩因子，$y_p = p_0/p_e$，$y_m = M_0/M_e$，$p_e =$

$$2E_p I_p \lambda^3 u_{y_0}, M_e = 2E_p I_p \lambda^2 \mu_{y_0}, \lambda = \sqrt[4]{\frac{k_s}{4E_p I_p}}。$$

桩身最大弯矩 M_{max} 的表达式为：

$$M_{max} = M_{me} x_m \tag{5-48}$$

$$x_m = \begin{cases} \dfrac{1}{\chi}\sqrt{\dfrac{y_p^2}{2} + y_p y_m + y_m^2} \cdot \exp\left[-\tan^{-1}\left(\dfrac{y_p}{y_p + 2y_m}\right)\right] & y_p + y_m \leqslant 1 \\[3mm] \dfrac{1}{\chi}\sqrt{1 + 2\left(\dfrac{y_p^2}{4} + y_m\right) - 2\sqrt{\dfrac{y_p^2}{4} + y_m}} \cdot \exp\left\{\tan^{-1}\left[1 - \dfrac{1}{2}\left(\dfrac{y_p^2}{4} + y_m\right)\right]\right\} \cdot & y_p + y_m > 1 \text{且} \dfrac{y_p^2}{4} + y_m < 1 \\[3mm] \dfrac{1}{\chi}\left(\dfrac{y_p^2}{4} + y_m\right) & y_p + y_m > 1 \text{且} \dfrac{y_p^2}{4} + y_m \geqslant 1 \end{cases} \tag{5-49}$$

式中，x_m 为桩身无量纲最大弯矩，$M_{me} = 2\chi E_p I_p \lambda^2 u_{y_0}$，常系数 $\chi = 0.3224$。

对于式(5-46)～式(5-49)计算中的参数，Hsiung 直接采用 Matlock 提出的经验公式，u_{y_0} 取桩侧土体达到极限抗力时对应的位移，这可能导致 u_{y_0} 的取值偏大，因此基于能量守恒角度，按照面积等效原则，对简化 p-y 曲线中 u_{y_0} 的取值进行修正，求得：$u_{y_0} = u'_{y_0}/4$，如图 5-12 所示。

5.2.4　理论分析方法的对比验证

超大直径空心独立复合桩属于径向非均质材料，注浆体和水泥搅拌桩相较于土体有较大刚度，假定该桩在横向荷载作用下，注浆体和水泥搅拌桩能够和空心桩共同参与工作，即空心桩、注浆体和水泥搅拌桩三相产生应变相同。因此在上述方法应用中，取水泥搅拌桩的外径作为该桩计算时的直径，E_p 取超大直径

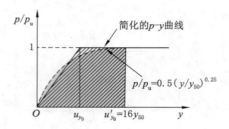

图 5-12 u'_{y_0} 的近似取值方法

空心独立复合桩弹性模量, E_p 的定义见式(5-26)。

算例取本书数值仿真中的超大直径空心独立复合桩基础的桩土计算参数,见表 5-3。每单位桩长的极限土阻力 p_u 按下式计算取其中较小值:

$$p_u = (3 + \frac{\gamma}{c_u}z + \frac{Jz}{b})c_u b \tag{5-50}$$

$$p_u = 9c_u b \tag{5-51}$$

式中 γ——由地面到深度 z 处的土的平均有效重度;

  c_u——土的不排水抗剪强度,取 56 kPa;

  z——深度;

  b——桩的直径或边宽,取 7 m;

  J——试验系数,取 0.25。

当土阻力达到极限土阻力一半时的位移为:

$$y_{50} = b\varepsilon_{50} \tag{5-52}$$

式中 ε_{50}——最大主应力差的一半对应的土的应变值,可由 c_u 值根据《桩基工程手册》查表得到,取 0.007。

p-y 曲线取图 5-10 中简化的 p-y 曲线,对于超过 u_{y_0} 的所有位移取 $p = p_u$。将上述参数代入式(5-46)~式(5-49),求得不同横向荷载下超大直径空心独立复合桩的桩顶最大位移 U_{max} 和桩身最大弯矩 M_{max},并与数值仿真计算结果对比,如图 5-13 所示。

由图 5-13 可以看出,采用本书提出的基于简化 p-y 曲线的修正方法与数值仿真结果规律一致,本书方法得出的 H-U_{max} 和 H-M_{max} 曲线更接近于线性变化,这是由于本书方法中假定地基反力模量 k_s 沿深度保持不变。本书方法计算的桩顶最大位移 U_{max}、桩身最大弯矩 M_{max} 与数值仿真结果平均误差分别为 4.8% 和 6.3%,在较大荷载下,本书方法计算的桩顶最大位移 U_{max} 略小于数值仿真结

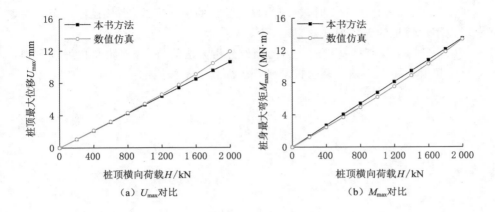

（a）U_{max}对比　　　　　　　（b）M_{max}对比

图 5-13　本书方法与数值仿真的计算结果对比

果,但是在桩顶位移小于 6 mm 前,两者的误差仅为 2.4%,故认为本书提出的基于简化 p-y 曲线的修正方法适用于超大直径空心独立复合桩的横向荷载下的受力计算。

5.3　本章小结

结合超大直径空心独立复合桩基础承载特性离心模型试验和数值仿真分析成果,分析了该桩型在竖向、横向荷载下的荷载作用机理,得出以下结论:

（1）超大直径空心独立复合桩基础在竖向荷载作用下,桩侧阻力传递方式为空心桩→注浆体→水泥搅拌桩→地基土的三层扩散模式,桩端阻力直接传递到地基土中;提出用长径比 L/D 界定竖向荷载作用下超大直径空心独立复合桩基础的承载特性,当长径比大于 6 时,表现为摩擦桩的承载特性,当长径比小于 6 时,表现为端承桩的承载特性,给出了竖向荷载作用下超大直径空心独立复合桩基础的破坏模式。

（2）基于剪切位移法,建立了超大直径空心独立复合桩基础空心桩、注浆体、水泥搅拌桩微元力学分析模型,根据力学平衡条件推导了超大直径空心独立复合桩内力和变形的基本方程;考虑到桩的径向非均质介质分布,引入等效弹性模量的概念,基于双曲线模型下的荷载传递法,提出了超大直径空心独立复合桩基础荷载-沉降关系的解析分析方法。

（3）超大直径空心独立复合桩基础在横向荷载作用下,荷载传递路径为空心桩→注浆体→水泥搅拌桩→地基土,由水泥搅拌桩外围的地基土提供横向土抗力;提出用长径比 L/D 界定横向荷载作用下超大直径空心独立复合桩基础的破坏模式,当长径比大于 6 时,表现为弹性长桩的破坏模式,当长径比小于 6 时,表现为刚性短桩的破坏模式。

（4）分析了现有桩基横向受力的理论分析方法的特点,按照面积等效原则,提出了超大直径空心独立复合桩基础基于简化 $p\text{-}y$ 曲线的修正方法。

第 6 章　超大直径空心独立
复合桩基础的适用性

超大直径空心独立复合桩基础实现了桥梁基础结构的轻型化,这将为其在实体工程中的推广应用奠定了良好的基础,但这种桩型和现行桥梁桩基相比较,其适用性如何值得进一步研究。由于复合桩桩侧土体进行了处理,为了减小对比分析误差程度,在进行复合桩基础适用性分析时,先进行空心桩与实体群桩对比,并结合上述研究成果,分析超大直径空心独立复合桩在竖向荷载作用下的受力性状,从优化的角度对复合桩结构的适用性进行研究。

6.1　超大直径空心独立复合桩基础与群桩基础承载特性对比

6.1.1　群桩桩型选择

设空心桩外直径为 D,实心桩根数为 n、直径为 D_1,桩端阻力 q_p,桩侧阻力 q_s。

(1) 单根空心桩的周长和 n 根实心桩的周长相等,则有:

$$D = nD_1 \tag{6-1}$$

单根空心桩的面积:

$$A = \pi \frac{D^2}{4} \tag{6-2}$$

n 根实心桩的面积之和:

$$A_1 = n\pi \frac{D_1^2}{4} = \frac{1}{n} \frac{\pi D^2}{4} \tag{6-3}$$

桩基承载力 Q_u:

一根空心桩:

$$Q_u = AR + \pi D \tau h \tag{6-4}$$

n 根实心桩:

$$Q_{u1} = A_1 R + \pi D_1 \tau h \tag{6-5}$$

式中 τ——桩侧极限摩阻力；

R——桩端极限摩阻力；

h——桩长。

上式结果表明，用单桩空心桩代替多根实心桩，若桩的总周长不变，其桩侧阻力将保持不变；单桩空心桩的底面积则是 n 根实心桩的面积之和的 n 倍，说明桩端承载力空心桩是 n 根实心桩的 n 倍。

（2）若单根空心桩的底面积 A 等于 n 根实心桩的底面积 A_1，则根据 $A=A_1$ 可推得，n 根实心桩的周长之和是空心桩的 $\sqrt{n}$ 倍。这说明在桩总面积不变的情况下，单根空心桩的端承载力较 n 根实心桩的要高出许多（n 根实心桩存在群桩效应，减小了桩端承载力）。单根空心桩的侧阻力是 n 根实心桩的 $1/\sqrt{n}$。

由上述竖向承载特性数值仿真成果分析发现，超大直径空心独立复合桩桩侧阻力占承载力比重达 70%（$L/D\geqslant6$ 时），表现出摩擦桩基承载特性，桩侧阻力对桩基础承载力影响较大。因此，考虑单根空心桩侧面积和 n 根实心桩侧面积相等情况，选取与空心桩桩侧阻力相同的四桩实心群桩开展数值仿真分析。四桩带承台群桩基础采用正方形四桩布设，其中桩间中心距为 $3D_1$、承台边缘挑出 $0.5D_1$，桩长与对应的空心桩保持一致，如图 6-1 所示。

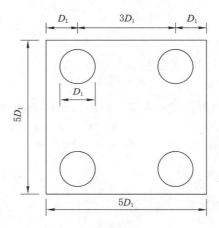

图 6-1 四桩带承台群桩基础

6.1.2 模型建立及参数选取

复合桩模型与群桩模型外围土层平面均为正方形，且桩基础外侧边缘到模型边界水平距离为 40 倍桩径。土层简化为上下两层，即桩周土层和桩端持力层，其中桩周土层厚度 h 随桩长 L 变化（$h=L-4$ m），同时保证桩端进入持力层深度不变(4 m),而且桩底到模型底部的距离也保持不变(40 m)。为避免桩顶承台对横向、竖向承载力的影响,群桩选择高承台桩。其中桩高出地面 2 m,承台厚 2 m,相应的复合桩桩顶做成高出地面 4 m 的圆柱墩。所建立的群桩几何立面图与单元网格划分图如图 6-2~图 6-4 所示。

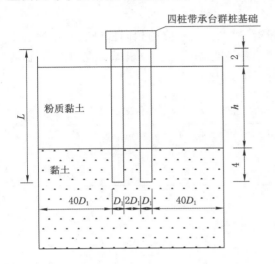

图 6-2　群桩模型几何立面剖面图　　　　图 6-3　群桩与空心桩平面对比图

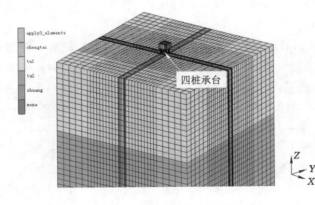

图 6-4　实心群桩的几何模型

群桩与复合桩的岩土体和桩身参数一致,模型参数具体见表 4-1。

6.1.3　数值仿真分析方案

为减小对比分析误差,建立无注浆体和水泥搅拌桩的超大直径空心桩作为参照。利用 MARC 有限元软件,综合考虑超大直径空心桩与实心群桩的受力特性,分别建立空心桩-土相互作用模型和与之对应相同桩侧表面积的实心桩-土-承台相互作用模型,对比分析超大直径空心桩与实心群桩在竖向荷载和横向荷载作用下承载力的变化规律,分析桩体尺寸对桩基承载力的影响规律,进而确定超大直径空心独立复合桩基础的最优桩体尺寸参数,为桩基础合理设计参数的选取奠定基础。

以空心桩桩长、桩径作为影响因素,建立与之对应的相同桩侧表面积的实心群桩-土-承台相互作用模型,分析超大直径空心独立复合桩基础与普通实心群桩基础的竖向和横向承载特性,分析工况见表 6-1。

表 6-1 超大直径空心独立复合桩基础尺寸变化工况

工况	空心桩桩长 L/m	空心桩桩径 D/m	实心群桩桩长 L_1/m	实心群桩桩径 D_1/m
L	10、20、30、40、50	5.0	L	$D/4$
D	30	2.5、3.5、5.0、7.5、10.0	L	$D/4$

6.1.4 数值仿真结果分析

6.1.4.1 竖向承载特性对比分析

（1）竖向承载力分析

① 桩长对竖向承载力的影响

空心桩桩径 5.0 m 时,不同空心桩桩长下的群桩与空心桩、复合桩的 Q-s 曲线如图 6-5 所示。

由图 6-5 可以看出,当空心桩桩径一定(5.0 m)时,随着桩长增加,三种桩型的竖向承载力均明显增加,但承载力增幅相比随桩径增加时承载力的增幅要小。在 40 MN 荷载范围内,随着桩长的增加,三种桩型的沉降差无明显变化。

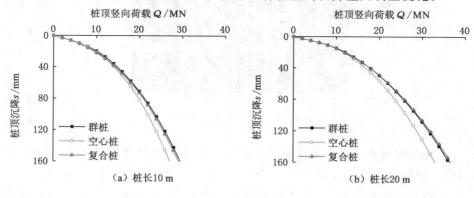

图 6-5 Q-s 曲线对比

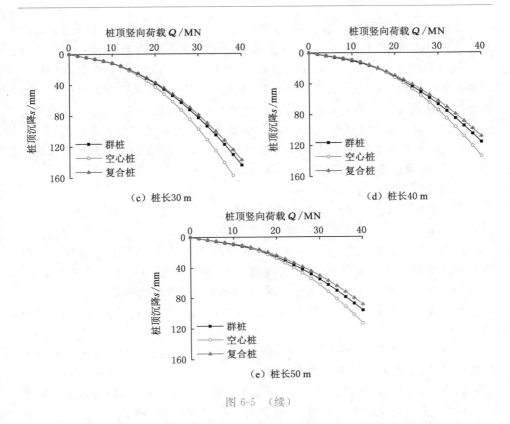

（c）桩长 30 m

（d）桩长 40 m

（e）桩长 50 m

图 6-5　（续）

桩径 5.0 m、桩长变化时，复合桩、空心桩与群桩的极限承载力变化如图 6-6 所示。

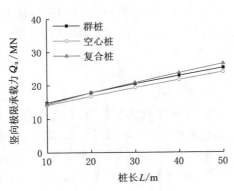

图 6-6　桩长变化下的竖向极限承载力

由图 6-6 可以看出,桩径一定时,随着桩长的增大,三种桩型极限承载力均近似呈线性增长,桩长达到 40 m 后群桩极限承载力增幅有减小趋势。群桩极限承载力增幅要明显小于空心桩与复合桩,桩长从 10 m 增至 50 m,复合桩相对于群桩竖向极限承载力的增幅从-2.7%增至 5.1%;极限承载力由群桩>复合桩>空心桩逐渐转变为复合桩>群桩>空心桩。此外,随着桩长增加,复合桩与空心桩的极限承载力差异有增大趋势,说明复合桩的侧阻力有更大的潜能。而群桩虽然与空心桩侧面积相等,但考虑到群桩桩侧的应力叠加效应,其侧阻力要弱于空心桩,因此随着桩长增加,桩侧阻力提高,其极限承载力增幅要略弱于空心桩。

② 桩径对竖向承载力的影响

空心桩桩长 30 m 时,不同桩径下的群桩与空心桩、复合桩的 Q-s 曲线如图 6-7 所示。

由图 6-7 可以看出,当桩长一定(30 m)时,随着桩径的增加,三种桩型的竖向承载力均显著增加。在 40 MN 荷载范围内,三种桩型的沉降差异逐渐减少,三条 Q-s 曲线逐渐靠拢,当桩径增大到 10.0 m 时,三条曲线基本重合。

桩长 30 m、桩径变化时,复合桩、空心桩与群桩的极限承载力变化如图 6-8 所示。

由图 6-8 可以看出,桩长一定时,随着桩径的增大,实心群桩的极限承载力呈线性增长;空心桩与复合桩变化趋势一致,先缓慢线性增长,桩径达到 3.5 m 后承载力增长速度提高,整体呈双折线变化。随着桩径的增大,群桩承载力的增大趋势明显快于空心桩与复合桩,桩径从 2.5 m(复合桩 $L/D=12$,群桩 $L/D=48$)增至 10.0 m(复合桩 $L/D=3$,群桩 $L/D=12$)时,极限承载力由群桩<空心桩<复合桩逐渐转变为群桩>复合桩>空心桩;复合桩相对于群桩竖向极限承载力的增幅从 22%减小到-0.6%。其原因是:相同侧面积下,相较于空心桩基础,排列分布的群桩能将荷载传递到更大范围的持力层,因此随着桩径增大,桩端承载能力增强,其极限承载力提高得更快。

(2) 桩侧阻力与桩端阻力分析

① 桩长对分项承载力的影响

各自极限荷载作用下,不同工况的桩侧阻力 Q_s 变化规律如图 6-9 所示。

由图 6-9 可以看出,桩径一定时,随着桩长的增加,在极限荷载下三种桩型的端阻力均略有减小。其中复合桩端阻力值略小于空心桩,而群桩的端阻力则远小于空心桩和复合桩,只有后者的 50%左右。随着桩长增加,三种桩型在各自极限荷载下的端阻力比重均快速减少,并逐渐趋缓。其中,群桩的端阻力比重减小幅度较小,从 21.30%减小到 11.07%,而空心桩与复合桩端阻力比重减小幅度较大,分别从 44.24%、42.51%减小到 24.25%、21.02%。

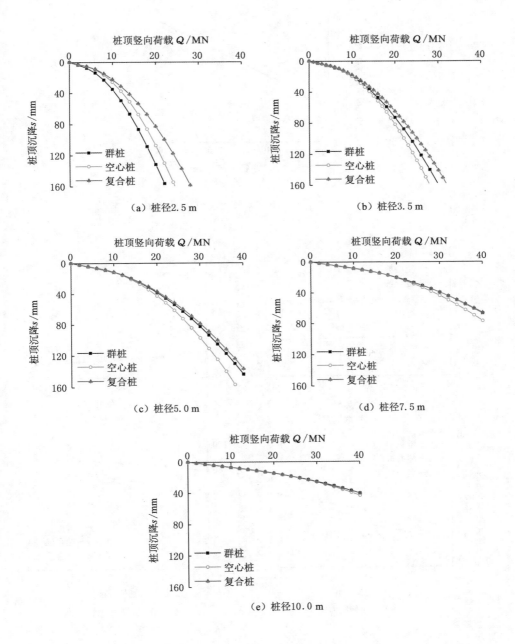

图 6-7　*Q-s* 曲线对比

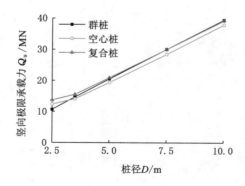

图 6-8　桩径变化下的竖向极限承载力

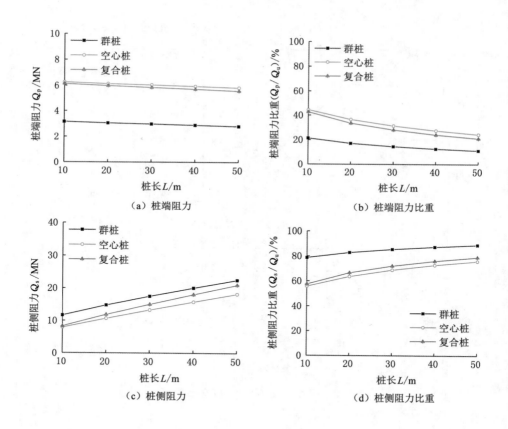

（a）桩端阻力　　　　　　　　　　（b）桩端阻力比重

（c）桩侧阻力　　　　　　　　　　（d）桩侧阻力比重

图 6-9　桩径 5.0 m 不同工况下的分项承载力

桩径一定时,随着桩长的增加,三种桩型的桩侧阻力均呈线性增加,其中复合桩的增幅要明显大于另外两种桩型。桩侧阻力始终保持群桩＞复合桩＞空心桩。随着桩长的增加,三种桩型的桩侧阻力比重均明显增加,且整体规律一致,先快速增长后逐渐趋缓。群桩的桩侧阻力比重增幅要小于空心桩与复合桩,仅从 78.70％增至 88.93％,而空心桩和复合桩则分别从 55.76％、57.49％增至 75.75％、78.98％。

综合上述分析可知,桩径不变时,随着桩长增加,群桩始终保持为摩擦桩的特性,而空心桩和复合桩则从端承桩过渡到摩擦桩。即随着桩长增加,三种桩型的承载特性越来越接近,而由于群桩侧阻力增长幅度不及相同侧面积的空心桩,更不及桩侧土体加强的复合桩,极限承载力增幅也不及空心桩与复合桩。群桩极限承载力在桩长为 10 m 时为三种桩型中最大,桩长增至 20 m 时被复合桩超越且与其差距随桩长增加逐渐增大,但始终大于空心桩。

② 桩径对分项承载力的影响

各自极限荷载作用下,不同工况的桩侧阻力 Q_s 和桩端阻力 Q_p 变化规律如图 6-10 所示。

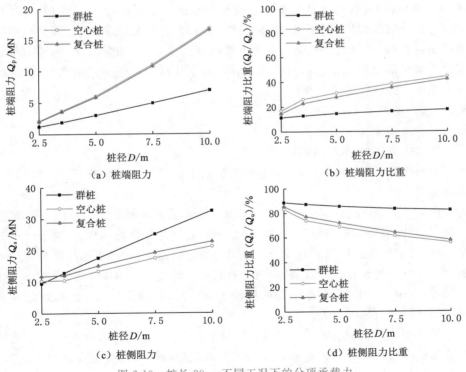

（a）桩端阻力　　　　　　（b）桩端阻力比重

（c）桩侧阻力　　　　　　（d）桩侧阻力比重

图 6-10　桩长 30 m 不同工况下的分项承载力

由图 6-10 可以看出,桩长一定时,随着桩径的增大,三种桩型在极限荷载作用下的桩端阻力均快速增大。其中,空心桩与复合桩曲线变化规律一致,随着桩径的增大桩端阻力增幅也加大,且空心桩的桩端阻力要略大于复合桩。而群桩端阻力要明显弱于空心桩与复合桩,近似呈线性增长。在极限荷载作用下,三种桩型的端阻力所占比重均明显增加,且随着桩径的增大增幅逐渐变缓。其中,空心桩与复合桩增幅较大,分别从直径 2.5 m 时的 16.80%、14.54% 增至直径 10.0 m 时的 44.30%、42.22%,而对应的群桩仅从 11.37% 增至 17.68%。

桩长一定时,随着桩径的增大,三种桩型在极限荷载下的桩侧阻力也明显增加。其中,空心桩与复合桩变化规律保持一致,先缓慢增加后呈线性增加,且复合桩侧阻力明显大于空心桩。而群桩的桩侧阻力则保持线性增长,且增幅明显大于空心桩与复合桩。在极限荷载下,三种桩型的桩侧阻力所占比重均随桩径的增大而减小,且随着桩径的增大减幅逐渐变缓。其中,空心桩与复合桩桩侧阻力比重减小幅度很大,分别从桩径 2.5 m 时的 83.20%、85.46% 减小到桩径 10.0 m 时的 55.70%、57.78%,而对应的群桩仅从 88.63% 减小到 82.32%。

综合上述分析可知,桩长 30 m、桩径变化时,群桩始终保持为摩擦桩的特性,而空心桩和复合桩则从摩擦桩过渡到端承桩。除桩径 2.5 m 外,其余桩径下群桩的桩侧阻力均大于空心桩、复合桩,由于群桩承载力的增量主要由桩侧阻力提供,而空心桩与复合桩则更多地由端阻力提供,所以相对而言,相同的荷载增量下群桩的沉降要小,因而以 40 mm 沉降下荷载为极限荷载标准时,群桩的极限承载力随桩径的增大提高得更快。

6.1.4.2　横向承载特性对比分析

（1）横向承载力分析

① 桩长对横向承载力的影响

空心桩桩径为 5.0 m 时,不同空心桩桩长下的群桩与空心桩、复合桩的 H-Y 曲线如图 6-11 所示。

由图 6-11 可以看出,当桩径一定(5.0 m)时,除最小桩长 10 m 工况外,其他桩长、相同荷载下的群桩桩顶位移明显小于空心桩与复合桩,而空心桩始终小于复合桩,说明桩侧土体加固对横向承载力有一定提高,且一般情况群桩基横向承载力弱于空心桩和复合桩。随着桩长增加,相同荷载下桩顶位移逐渐减小,但桩长超过 30 m 后位移略有减小,说明桩径 5.0 m 时桩长超过 30 m 后再增加桩长对横向承载能力影响不大。

桩长 10 m 时群桩的 H-Y 曲线介于空心桩与复合桩之间,可能原因是此时长径比过小($L/D=2$),桩基础表现为扩大基础的特性。即在横向荷载作用下,空心桩与复合桩位移表现出"倾覆"特性;而对应的群桩基础是 4 根桩径 1.25 m

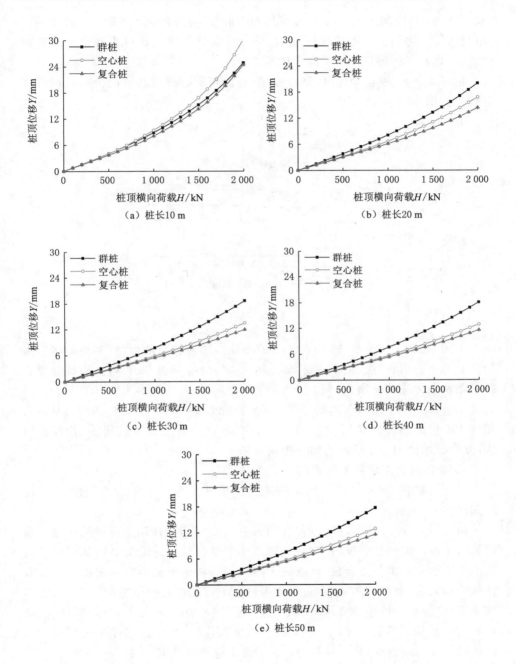

（a）桩长10 m

（b）桩长20 m

（c）桩长30 m

（d）桩长40 m

（e）桩长50 m

图 6-11　桩径 5.0 m 不同工况下的 H-Y 曲线

（长径比为 8）、净间距 2.5 m、正方形排列的群桩，横向荷载下表现出弹性桩的特性，与桩周土协调变形更能发挥桩侧土抗力，而且外侧桩还可表现出抗拔桩特性，大大提高了群桩整体的横向承载能力。

桩径 5.0 m、桩长变化时，复合桩、空心桩与实心群桩基横向极限承载力变化规律如图 6-12 所示。

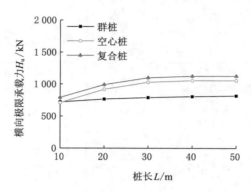

图 6-12　桩长变化下横向极限承载力

由图 6-12 可以看出，桩径一定（5.0 m）时，随着桩长的增加，群桩的横向极限承载力略有增长，桩长从 10 m 增至 50 m 时，增幅只有 96 kN；空心桩与复合桩极限承载力先快速增大，到 30 m 后快速变缓，40 m 后基本不变（<1 kN）。桩长从 10 m（复合桩 $L/D=2$）增至 50 m（复合桩 $L/D=10$），复合桩基横向承载力相较于群桩的增长幅度从 10% 增至 37.7%。这说明随着桩长增加，长径比增大，复合桩的横向极限承载力增加更快。

② 桩径对横向承载力的影响

空心桩桩长 30 m 时，不同空心桩桩径下的群桩与空心桩、复合桩的 H-Y 曲线如图 6-13 所示。

由图 6-13 可以看出，桩长不变（30 m）时，相同荷载作用下群桩的桩顶位移明显大于空心桩与复合桩，而空心桩则略小于复合桩。这说明群桩基横向承载力明显小于空心桩与复合桩，且桩侧土体加固对横向承载力有一定提高。随着桩径的增大，三种桩型的 H-Y 曲线从明显由上弯逐渐变得平直，且三条曲线逐渐接近，桩顶水平位移差值越来越不明显，到桩径 10 m 时几乎重合。这说明桩长 30 m 时，桩径增长对横向承载力提高有显著作用，当桩径超过 5 m 后基本从弹性桩转变为刚性桩，且三种桩型承载力能力越来越接近。

桩长 30 m、桩径变化时，复合桩、空心桩与实心群桩的横向极限承载力变化规律如图 6-14 所示。

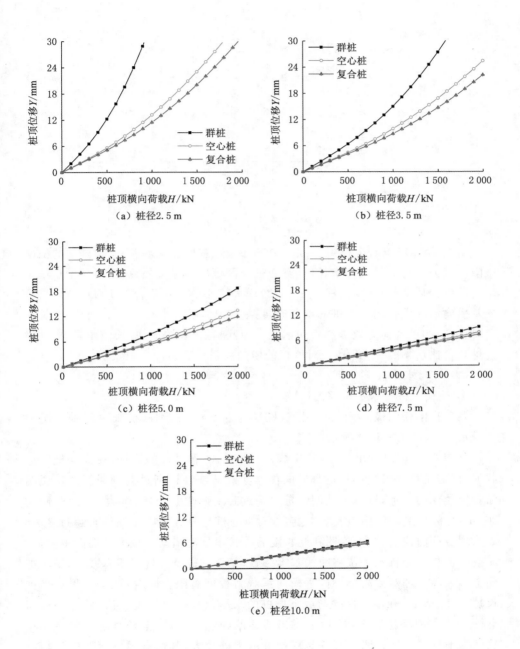

图 6-13　桩长 30 m 不同工况下的 *H-Y* 曲线

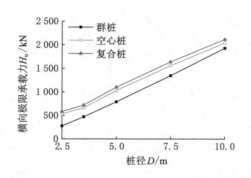

图 6-14　横向极限承载力

由图 6-14 可以看出,桩长一定(30 m)时,随着桩径的增大,三种桩型的横向极限承载力均近似呈线性增长,且空心桩与群桩规律保持一致,而群桩增长速率略大。桩径从 2.5 m(复合桩 $L/D=12$)增大到 10.0 m(复合桩 $L/D=3$),复合桩基横向承载力相较于群桩的增长幅度从 109% 减小到 9.4%。这说明桩长一定时,桩径的增大能有效提高横向承载力,且随着桩长的增加、长径比减小(此时群桩长径比从 48 减小到 12),对群桩的横向极限承载力提高更快。

(2) 桩身水平位移分析

① 桩长对桩身水平位移的影响

在各自的横向极限荷载作用下,桩径为 5.0 m 时,不同桩长下三种工况的桩身水平位移如图 6-15 所示。

由图 6-15 可以看出,桩径一定(5.0 m)时,随着桩长的增加,在横向极限荷载下,桩端位移逐渐减小且桩身横向位移曲线从线性逐渐过渡到曲线。这说明随着长径比的增加,桩基础从刚性桩逐渐过渡到弹性桩。对于群桩,当桩长超过 20 m 后,桩身水平位移曲线基本重合,而空心桩与复合桩则是在桩长超过 30 m 后出现位移曲线的重合,说明在此长度后桩长增加对横向承载力的提高不明显。而空心桩与复合桩水平位移曲线基本一致,复合桩较空心桩仅略有减小,说明桩侧土体加固处理对提高空心桩基横向承载力程度有限。同时,还可以得到当桩长超过 20 m 后,在横向极限荷载下群桩的水平位移不再出现负值,而空心桩与群桩虽然在桩长超过 30 m 后表现出明显的弹性桩特性,但桩身下部始终存在负向水平位移。这说明空心桩与复合桩由于桩径大,其横截面抗弯惯性矩相应也大,与群桩相比,空心桩与复合桩的桩-土协调变形相对较弱,荷载传递得更深。

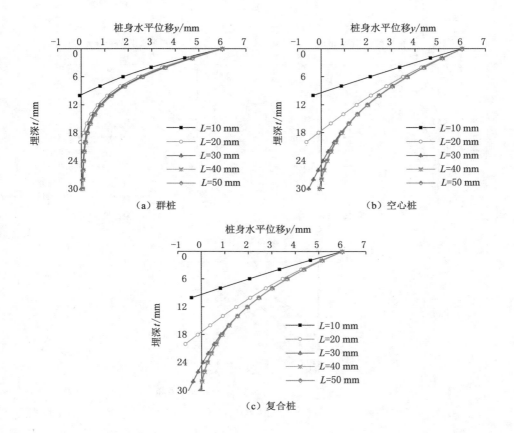

图 6-15　桩径 5 m 时各工况下桩身水平位移

② 桩径对桩身水平位移的影响

在各自的横向极限荷载作用下,桩长为 30 m 时,不同桩长下三种工况的桩身水平位移如图 6-16 所示。

由图 6-16 可以看出,桩长一定(30 m)时,随着桩径的增大,桩身水平位移曲线越来越接近线性,逐渐表现出刚性桩转动的特性。在横向极限荷载下,桩身的横向位移沿竖向传递越来越深、影响越来越大。其中,群桩由于其实际上是由 4 根桩径为空心桩 1/4 的实心桩组成,所以当对应的空心桩桩径由 2.5 m($L/D=$12)增长到 10.0 m($L/D=3$)时,其实际桩径仅从 0.625 m($L/D=48$)增至 2.5 m($L/D=12$)。虽然桩顶的承台的连接作用一定程度上提高了群桩整体的刚度,但随着桩径增大基本上仍保持在弹性桩范围内。而空心桩与复合桩的桩身横向位移曲线则逐渐从弹性桩的"挠曲"过渡到刚性桩的"转动",当桩径大于等于

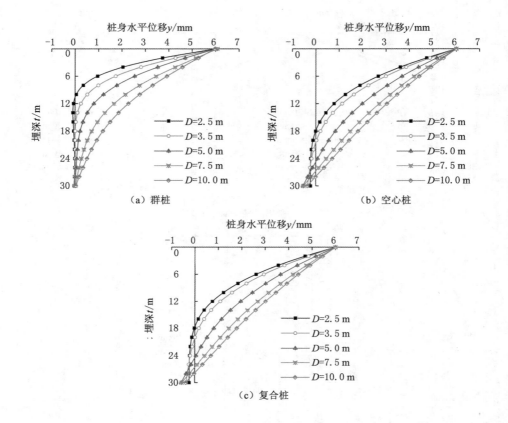

图 6-16　桩长 30 m 时各工况下桩身位移图

5.0 m($L/D=6$)时可认为空心桩与复合桩表现为刚性桩。而且两者在各自横向极限荷载下,桩身水平位移曲线几乎完全一致(复合桩略小),说明桩侧土体注浆与设置水泥搅拌桩后虽然能一定程度上提高复合桩基横向承载力,但对于桩身刚弹性及荷载位移曲线规律影响有限。

6.2　超大直径空心独立复合桩基础工程适用性

6.2.1　尺寸参数适用性

　　桩径 5.0 m 时,桩长变化下的空心桩与群桩混凝土用量(承台部分群桩按挑出部分 $0.5D_1$ 计算,复合桩承台与桩身保持一致,高度均按 2 m 计算)见表 6-2。

表 6-2　桩径 5.0 m 时空心桩与实心群桩混凝土用量对比分析　单位：m³

桩长 L/m	10	20	30	40	50
群桩	127	176	225	274	323
空心桩	76	114	151	188	226
优化率	40%	35%	33%	31%	30%

桩长 30 m 时，桩径变化下的空心桩与群桩混凝土用量（承台部分群桩按挑出部分 $0.5D_1$ 计算，复合桩承台与桩身保持一致，高度均按 2 m 计算）见表 6-3。

表 6-3　桩长 30 m 时空心桩与实心群桩混凝土用量对比分析　单位：m³

桩径 D/m	2.5	3.5	5.0	7.5	10.0
群桩	57	110	225	507	902
空心桩	63	96	151	259	387
优化率	−11%	13%	33%	49%	57%

由表 6-2、表 6-3 可以看出，对于空心桩与实心群桩，在桩长与侧面积相等的情况下，当桩径 5 m 时空心桩的混凝土用量较实心群桩更为优化，减少约 30%～40%，而随着桩长的增加，优化量成比例增加但比例在减小。当桩长一定（30 m）时，随着桩径的增大，优化率越来越大，桩径 10.0 m 时优化率达到 57%。实体群桩采用的是四桩基础，桩顶设有承台，这也会增加一定的混凝土用量。混凝土用量差值在一定程度上节省了造价，且混凝土自重亦削弱了桩基的极限承载力。复合桩与空心桩的混凝土用量相同，但极限承载力更高。

综合考虑前述复合桩与实心群桩承载特性对比分析，在竖向承载力方面，桩径不变（5.0 m）时，随着桩长的增大，当桩长 $L \geqslant 20$ m 时复合桩极限承载力要大于实心群桩基础；而桩长一定（30 m）、桩径变化时，当 $D \geqslant 7.5$ m 后，复合桩竖向极限承载力反而比实心群桩略有降低，可以认为基本保持在同一水平。随着桩径的增大，横向极限承载力呈线性增大，但当桩长超过 30 m 后，复合桩的横向极限承载力基本不再增加（仅 2% 左右），且复合桩的横向极限承载力始终明显高于群桩（除桩径 5.0 m、桩长 10 m 工况外）。根据上述分析，考虑到功能性及绿色经济要求，在与常规群桩对比的基础上本书认为合适的复合桩尺寸应在以下范围：桩径 $D > 3.5$ m、桩长径比 $L/D \geqslant 6$，且随着桩径的增加，桩长也应相应增加而与之匹配；同时，还应保持一定的长径比，使复合桩保持为摩擦桩特性。

6.2.2　考虑自重后的竖向极限承载力对比

考虑混凝土自重情况下（混凝土自重取 25 kN/m³、土的重度取 20 kN/m³），桩径 5.0 m、桩长变化时,复合桩、空心桩与实心群桩的极限承载力变化规律如图 6-17 所示。

由图 6-17 可以看出,在考虑了承台及桩身混凝土自重后,复合桩竖向极限承载力要明显优于群桩,且随着桩长增加,承载力增量越大,优化率从 5% 增加到 12%。

考虑混凝土自重情况,桩长 30 m、桩径变化时,复合桩、空心桩与实心群桩的极限承载力变化规律如图 6-18 所示。

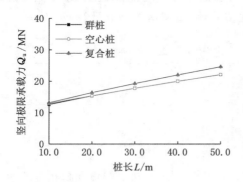 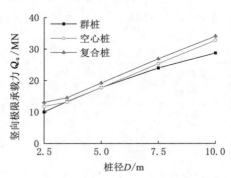

图 6-17　桩长变化下的竖向极限承载力　　图 6-18　桩径变化下的竖向极限承载力

由图 6-18 可以看出,在考虑了承台基桩身混凝土自重后,复合桩承载力要明显优于群桩,最大增幅 32%。且随着桩径增大,由于群桩承台越来越大,其极限承载力的增加速度逐渐变缓,即有效承载力比重减小十分明显,说明复合桩空心结构对基础自重的减小、有效承载力的增加作用明显。

6.2.3　技术适用性

成型的复合桩基础从内到外由空心桩、注浆体、水泥搅拌桩三者组成,在荷载作用下三者共同受力,并由内到外刚柔过渡,实现了上部结构荷载由基础到地基的传递。按照施工工序,各部分技术特性现分述如下:

(1) 水泥搅拌桩

在桩成孔之前,先在既定桩位处沿桩基四周施工水泥搅拌桩,形成封闭的水泥搅拌桩围护墙。其作用有四:一是初步定位桩基位置,为后续的桩基成孔提供导向;二是形成一圈水泥土墙,起到类似挡土墙的作用,平衡侧向土压力,稳定孔壁防止塌孔;三是形成连续密闭的水泥土墙幕,在地下水丰富或含水量高的土层还能起到防渗墙的作用,防止桩孔侧壁土层内水分向桩孔内聚集,既能防止孔壁渗流破坏也能减少孔内积水,营造良好的成桩环境;四是桩基施工完成后,能作为桩侧土体加固区,经过适当处理后与内存空心桩共同受力形成复合桩基,通过提高桩基侧阻力从而提高桩基承载力。

（2）空心桩

根据实际工程建设条件，空心桩制作方式可以分为现场分节浇筑接高、工厂分节预制现场接高下沉，当桩径特别大时，还可将空心桩沿高度和周长方向分割成多个块件分别在工厂预制，在现场拼接成管型的空心桩，每个块件之间采用高强度螺栓连接，并在相邻块件之间和高强度螺栓周围的空隙内压注水泥浆形成整体。

（3）桩侧注浆区

在空心桩成孔时，桩孔与水泥搅拌桩之间预留 0.5～1.0 m 的注浆区域，其作用：一是在成孔时预留一定的安全距离，以免对外围的水泥搅拌桩造成损坏；二是在空心桩下沉过程中，作为相对软弱的土层方便桩节下沉，并可以辅以除土、倒角、灌砂等措施，提高沉桩效率；三是空心桩下沉到位后，通过高压旋喷注浆使注浆区土体得到加强，并起到连接空心桩与水泥搅拌桩的作用，使三者形成一个协同受力的整体。

采用大直径桩与小直径桩相比有明显的差异，不仅可以提高承载力，而且可以减少水中作业，加快工程进度；提高结构的抗震、抗风稳定性与抵御冲击能力；降低工程造价。但是，在一定桩长下，随着桩径的增大，桩基础本身自重也越来越大，相应的有效承载力就会降低，造成浪费，不符合节能环保的新趋势。而且如此大方量的混凝土，一是对实际成桩施工中混凝土的连续灌注造成极大的挑战；二是大体积混凝土在硬化过程中会释放大量水化热，可能造成桩体内部温度过渡上升而产生热胀裂缝，从而影响桩基承载能力和耐久性。这无形中提高了技术成本和施工管理难度，为施工质量问题埋下隐患，增加了工程的风险性。

复合桩采用更合理的截面布置形式，核心区桩身采用空心桩结构，相同尺寸下与实心桩具有相同的侧面积和底面积，即有相同的承载力，且节省了一定方量的混凝土，降低了自重，没有大方量混凝土的问题；而在相同截面积下，空心桩则具有更大截面惯性矩、更大的侧面积和底面积，从而整体极大提高了其竖向和横向的承载能力。此外，在公路桥梁桩基础设计与施工中，受土层工程性质的影响及灌注桩施工工艺上的局限性，常会遇到即使增加桩长和桩径，但是桩承载力提高的幅度也并不明显，从而使桩基承载力难以满足大型公路桥梁工程使用上的要求。以现行公路桥梁桩基础采用的钻孔灌注桩为例，由于桩成孔过程中以泥浆护壁法为主，因成桩工艺存在着固有的缺陷（如桩底沉渣、桩侧泥皮对桩承载力的影响），导致桩侧阻力与桩端阻力显著降低。而本书所提出的大直径空心复合桩基础，因为成孔之前在外围完成了水泥搅拌桩的施工，在成孔过程中并不需要采用泥浆护壁，从而避免了泥浆残留对桩基承载力的影响。

6.3 本章小结

本章主要通过数值仿真对比多种尺寸的复合桩、空心桩、群桩的承载特性，分析了其极限荷载下的承载特性，研究了超大直径空心独立复合桩合理的尺寸参数，并探讨了超大直径空心独立复合桩的技术特性及适用性。主要结论如下：

（1）竖向承载力方面，超大直径空心独立复合桩基本优于相同侧面积的群桩，并随着工况变化略有波动。由于群桩的桩间距按 $2D_1(D_1=D/4)$ 取，桩径越大，其桩间距越大，应力叠加也就越小；同时横向超出空心桩尺寸的绝对值也就越大，相应的桩侧阻力能传到更大范围的土层。而桩径（5.0 m）时，随着桩长增加，相同侧面积下超大直径空心独立复合桩的桩侧阻力有更大的潜力。

（2）横向承载力方面，超大直径空心独立复合桩始终明显优于群桩。随着桩径的增加、长径比减小（此时群桩长径比从 48 减小到 12），对群桩横向承载力提高更快。而随着桩长增加，长径比增大，超大直径空心独立复合桩的横向极限承载力增加更快。

（3）就承载能力方面来说，超大直径空心独立复合桩是可行的群桩替代方案；就技术合理性来讲，超大直径空心独立复合桩的桩径不宜过大（$D<10.0$ m）并应保持一定的长径比（$L/D\geqslant6$）。

第 7 章　超大直径空心独立
复合桩基础设计计算方法

　　桥梁桩基设计必须满足两个方面的要求:一是桩-土作用的稳定性要求;二是桩本身的结构强度要求,也就是埋入岩土中的桩在受到桥梁结构传递来的各种荷载作用时,桩-土的相互作用确保桩具有足够的承载力,同时又使桩基不致产生过大的沉降或沉降差以及在水平荷载作用下桩不同截面的弯矩与挠曲在容许的范围内。因此,完整的桩基设计内容和合理的设计方法十分重要。常规的桥梁桩基础设计计算已有较完善的方法,考虑到超大直径空心独立复合桩基础是一种集空心桩、水泥搅拌桩、高压旋喷注浆于一体的全新桩型,本章主要分析考虑现有的设计计算方法在空心桩、水泥搅拌桩、高压旋喷注浆中应用时的局限性,在此基础上提出超大直径空心独立复合桩基础设计计算方法,使超大直径空心独立复合桩基础的设计计算更加科学合理。

7.1　现行设计计算存在的问题

7.1.1　竖向承载力确定中的问题

　　现行的关于桥梁桩基础竖向承载力的确定方法有静力分析法、静载试验法和规范公式法;关于大直径空心桩基承载力确定方法有文献中的按压浆压力确定桩基承载力和按变形协调原则确定桩基承载力的办法;以及文献中的桩身荷载传递函数的 $p\text{-}s$ 曲线法确定承载力方法。

　　(1)静力分析法

　　静力分析法是根据土的极限平衡理论和土的强度理论,计算桩底极限阻力和桩侧极限摩阻力,桩的极限承载力等于桩底极限阻力与桩侧极限摩阻力之和。该方法只是将桩侧阻力和桩端阻力进行简单的叠加,未考虑荷载传递过程中桩侧阻力和桩端阻力发挥的先后顺序及相互影响。实际上是桩端土层的压缩加大了桩-土相对位移,从而使桩身摩阻力进一步发挥到极限值,而桩端极限阻力的发挥则需要比发生桩侧极限摩阻力大得多的位移值。当桩身摩阻力全部发挥出来达到极限后,若继续增加荷载,其荷载增量将全部由桩端阻力承担。工程实践表明,静力分析方法所得计算结果往往与实测值有较大差异。对于超大直径空心独立复合桩基,静力分析法没有考虑水泥搅拌桩和注浆体的影响,使其不适于超大直径空心独立复合桩基的承载力计算确定问题。

（2）静载试验法

静载试验法即在桩顶逐级施加轴向荷载,直至桩达到破坏为止,并在试验过程中测量各级荷载下不同时间的桩顶沉降,根据沉降与荷载及时间的关系,分析确定单桩轴向承载力。采用静载试验法确定单桩容许承载力比较符合实际情况,其结果可靠。但存在的问题有:① 需要的人力、物力较多,试验时间较长,因此一般只在大型或重要工程的桩基工程中做静载试验;② 静载试验仅是针对具体地质条件进行试验的,不能用于求解其他地质条件下的桩基承载力;③ 超大直径空心独立复合桩基是一种新型桩基,尺寸大且尚无工程实践经验,很难开展现场静载试验。

（3）规范公式法

规范公式法是目前确定单桩竖向承载力最常用的方法。《公路桥涵地基与基础设计规范》(JTG 3363—2019)中钻孔灌注桩承载力的计算公式为:

摩擦桩:

$$[R_a] = \frac{1}{2}u\sum_{i=1}^{n}q_{ik}l_i + A_p q_r \tag{7-1}$$

其中:

$$q_r = m_0\lambda\big[[f_{a0}] + k_2\gamma_2(h-3)\big] \tag{7-2}$$

嵌岩桩:

$$[R_a] = c_1 A_p f_{rk} + u\sum_{i=1}^{m}c_{2i}h_i f_{rki} + \frac{1}{2}\zeta u\sum_{i=1}^{m}l_i q_{ik} \tag{7-3}$$

以上公式符号详见规范。

规范公式是根据静力试桩结果与桩侧、桩端土层的物理性指标进行统计分析,建立桩侧阻力、桩端阻力与物理性指标间的经验关系,利用这种关系来估算单桩承载力。该方法较简单且便于计算,但计算公式中对各个参数和系数的选取存在不同程度的误差。对于超大直径空心独立复合桩基础,其直径大于 2.5 m,且构造特殊,空心桩周围有高压旋喷注浆处理和水泥搅拌桩加固,大大强化了土体的强度特性,因此公式中的 q_{ik}、m_0、λ、k_2、c_1、c_{2i} 等有关计算参数和现行规范提供的参考值存在较大差异,不能直接选用。所以现行规范中单桩竖向承载力公式用于评价超大直径空心独立复合桩基础的竖向承载力显然不合理。

（4）按压浆压力确定桩基承载力

冯忠居等在考虑了空心桩的施工工艺后,提出了如下公式:

$$[p_a] = k[k_1 \cdot \sum(U_i L_i F_i) + k_2 \sigma_a A] \tag{7-4}$$

公式中各符号的含义详见相关文献。

上述公式针对大直径钻埋预应力混凝土空心桩在桩侧和桩端均采用了压浆技术,强化了桩侧和桩端土的工程特性,因而提出对桩端承载力 σ_a 取桩端土承载力 σ_{a1} 与桩端压浆压力 σ_{a2} 之和,且对桩侧摩阻力和桩端阻力进行修正,修正系数分别为 k_1、k_2,取 $k_1 = 1.0 \sim 1.1$,$k_2 = 1.0 \sim 1.15$。上述公式未考虑桩入土深度的影响,压浆压力对同一土层不同深度的影响是不同的,不同深度处尽管压浆压力不同,亦可使其对土层的强化效果相同,因此桩的入土深度对桩承载力的影响是显然的。其次,该公式适于大直径钻埋预应力混凝土空心桩,与超大直径空心独立复合桩基的施工工艺、承载机理均有不同,因此不能直接应用于超大直径空心独立复合桩基的承载力计算。

(5) 按变形协调原则计算桩基承载力

冯忠居等认为,桩受容许荷载情况下,其受力和变形均处于弹性状态,在此基础上,把桩-土内力和变形的第一临界状态的承载力作为桩的容许荷载,推导了容许荷载及其作用下桩-土体系的内力与变形计算公式。该方法的概念明确,计算简便,理论体系完善,克服了现行规范计算桩端和桩侧阻力的不协调、垂直承载力和垂直沉降变形不协调两方面的缺陷,但在对大直径钻埋预应力混凝土空心桩而言,该方法的主要缺点是:

(1) 按变形协调原则计算桩承载力的方法是针对摩擦桩才适用的,而仿真分析结果已充分显示出超大直径空心独立复合桩基具有端承桩的工程特性,因此,按变形协调原则计算桩承载力的方法不适于超大直径空心独立复合桩基础承载力的确定。

(2) 该方法计算中采用的有关技术参数仍然沿用现行规范中提出的相关参数,这对应用注浆技术成桩的空心桩而言,显然与实际工程有较大的差异。冯忠居等采用该方法和实测结果进行对比分析的情况表明,该方法即使用于摩擦桩,其误差也是较大的。

(6) 按桩身荷载传递函数的 $p\text{-}s$ 曲线确定承载力

冯忠居运用桩的荷载传递函数确定出桩的 $p\text{-}s$ 曲线,根据桩的 $p\text{-}s$ 曲线分析确定桩的极限承载力。其给出的桩穿越不同土层时,荷载与沉降关系表达式为:

$$p_0 = \frac{As_b}{a_b + b_b s_b} + \beta \sum_{i=1}^{n} \frac{1}{b_{si}} \sqrt{b_{si} s_{ei} - a_{si} \ln\left(1 + \frac{b_{si}}{a_{si}}\right)} \tag{7-5}$$

公式中各符号的含义详见相关文献。

该方法对大直径钻埋预应力混凝土空心桩基承载力计算结果与静载试验结

果相比误差小于 5%,应用性较好。但是对超大直径空心独立复合桩基,由于桩型复杂,且无工程实践经验,相关计算参数无法取得,因此该方法不能直接应用于超大直径空心独立复合桩基础承载力的确定。

7.1.2　横向承载力确定中的问题

现有的关于桥梁桩基础横向承载力确定方法有水平静载试验和弹性地基梁法两种。

（1）单桩水平静载试验

桩的水平静载试验是确定桩基横向承载力的较为可靠的方法,也是常用的研究分析试验方法。试验是在现场进行,所确定的单桩横向承载力和地基土的水平抗力系数最符合实际情况。但存在的问题有:① 需要的人力、物力较多,试验时间较长,因此一般只在大型或重要工程的桩基工程中做静载试验;② 静载试验仅是针对具体地质条件进行试验的,不能用于求解其他地质条件下的桩基承载力;③ 超大直径空心独立复合桩基是一种新型桩基,尺寸大且尚无工程实践经验,很难开展现场单桩水平静载试验。

（2）弹性地基梁法

桩的弹性地基梁法采用 Winkler 假定,将桩视为弹性地基上的梁,地基服从胡克定律。可通过对不同土体性质和桩基不同埋置深度处实测试桩数据,反算得出地基系数 $k(z)$。根据参数的不同,常用的有常数法、k 法、m 法和 c 法等。

我国规范推荐 m 法,但 m 法仅能反映土的弹性性能,当桩受到水平外力作用后,桩-土协调变形,任一深度 z 处所产生的桩侧土水平抗力与该点水平位移 x_z 成正比,即 $\sigma_{zx}=cx_z$,且地基系数 c 随深度呈线性增长,即 $c=mz$。在荷载比较小、桩身变位不大时,能很好地反映桩-土相互作用,和实测值差异很小;在荷载较大、桩身变位较大时,桩侧土体进入非线性工作状态,此时按 m 法计算所得地面处位移、桩身最大弯矩及其位置与实测值有一定的差异,并随外荷载的增大,这种差异也随之变大,即便由试桩得出,m 值也随荷载的增大而减小,因为在实际中,选择不同值会对分析结果有较大的影响。

《公路桥涵地基与基础设计规范》(JTG 3363—2019)中规定,对于采用 m 法计算土抗力时,基础在地面处位移最大值不超过 6 mm;当位移较大时,m 的取值应适当降低。针对超大直径空心独立复合桩基础自身的空心结构、直径大、分段拼装的特点,在较大的横向荷载作用下桩身结构能否足以承受难以确定,因此其水平设计荷载不能直接依赖于桩的变形要求,按照规范中规定的 m 取值直接应用于超大直径空心独立复合桩基础显然不太合理。

7.2　超大直径空心独立复合桩基础承载力设计计算方法

超大直径空心独立复合桩基础的设计计算包括竖向荷载和横向荷载作用下桩基承载力特性及其内力变化特性。

7.2.1　竖向承载力的确定

目前成熟的单桩竖向承载力确定方法中,静载试验法由于成本高、操作难度大等原因,不适于超大直径空心独立复合桩基础;现行规范中的经验公式在设计中应用较为普遍,但由于超大直径空心独立复合桩基础的特殊构造,该公式不能直接应用。

通过研究,超大直径空心独立复合桩基础和普通桥梁桩基础在竖向荷载作用下的承载机理类似,因此将规范公式的计算结果与离心试验和数值仿真结果的各分项承载力进行对比,得到各分项承载力的修正系数,然后对规范公式乘以修正系数计算竖向承载力,以期使用方便且成果能反映工程实际承载性状。

(1) 摩擦桩单桩竖向受压承载力

超大直径空心独立复合桩基础作为摩擦桩设计时,其承载力由复合桩基础外围水泥搅拌桩墙与地基土之间的侧摩阻力和桩底土的端阻力两部分提供,参考《公路桥涵地基与基础设计规范》(JTG 3363—2019)(以下简称桥基规范)中的钻孔灌注桩承载力公式,对侧阻力部分 $\frac{1}{2}u\sum_{i=1}^{n}q_{ik}l_i$ 乘以侧阻力修正系数 ζ_1,且不考虑安全系数 $\frac{1}{2}$ 的影响;考虑到超大直径空心独立复合桩基础的桩底面积大(直径大于 2.5 m),对承载力影响强烈,同时外围的注浆体和水泥搅拌桩底部也提供部分端阻力,因此对端阻力部分 A_pq_r 做基底的尺寸修正,并乘以端阻力修正系数 ζ_2,得到摩擦桩的单桩极限承载力计算公式。

其计算公式及其计算参数取值如下:

$$p_j = \zeta_1 u\sum_{i=1}^{n}q_{ik}l_i + \zeta_2 A_p m_0\lambda[[f_{a0}] + k_1\gamma_1(d-2) + k_2\gamma_1(h-3)]$$

$$(7\text{-}6)$$

式中　ζ_1、ζ_2——桩基侧摩阻力、端阻力的修正系数,取值见表 7-1、表 7-2;

　　　k_1、k_2——承载力随桩底尺寸、桩长的修正系数;

　　　其余符号的含义及其取值见桥基规范。

表 7-1　ζ_1 系数取值表

L/m	D/m		
	2.5	5.0	10.0
10	2.200	1.127	1.060
30	1.337	0.866	0.687
50	1.158	0.737	0.581

表 7-2　ζ_2 系数取值

L/m	D/m		
	2.5	5.0	10.0
10	1.299	0.889	0.632
30	0.407	0.296	0.207
50	0.296	0.171	0.119

（2）支承或嵌入基岩的单桩轴向受压承载力

当超大直径空心独立复合桩的桩端支承在基岩上、嵌入基岩内时，视为端承桩设计，对《公路桥涵地基与基础设计规范》(JTG 3363—2019)中钻孔灌注桩承载力公式中的端阻力部分 $c_1 A_p f_{rk}$ 乘以端阻力修正系数 ζ_1，对岩层中的侧阻力部分 $u \sum_{i=1}^{m} c_{2i} h_i f_{rki}$ 乘以修正系数 ζ_2，对土层中的侧阻力部分 $\frac{1}{2} \zeta_s U \sum_{i=1}^{m} q_{ik} l_i$ 乘以侧阻力修正系数 ζ_3，同时不考虑安全系数 $\frac{1}{2}$ 的影响，得到支承或嵌入基岩的单桩轴向极限承载力。计算公式如下：

$$p_j = \zeta_1 c_1 A_p f_{rk} + \zeta_2 u \sum_{i=1}^{m} c_{2i} h_i f_{rki} + \zeta_3 \zeta_s U \sum_{i=1}^{n} q_{ik} l_i \qquad (7\text{-}7)$$

式中　ζ_1——桩基端阻力修正系数；

　　　ζ_2——桩基土层侧摩阻力修正系数；

　　　ζ_3——桩基岩层侧摩阻力修正系数；

　　　其余符号的含义及其取值见规范。

修正系数 ζ_1、ζ_2、ζ_3 取值见表 7-3。

表 7-3　系数取值表

修正系数	L/m	D/m		
		2.5	5.0	10.0
ζ_1	10	0.320	0.219	0.156
	30	0.273	0.199	0.139
	50	0.313	0.181	0.126
ζ_2	10	1.427	0.731	0.688
	30	1.050	0.680	0.539
	50	1.007	0.641	0.505
ζ_3	10	8.511	4.363	4.102
	30	4.465	2.892	2.292
	50	3.646	2.320	1.830

7.2.2　横向承载力的确定

超大直径空心独立复合桩基础在横向荷载作用下的承载特性也可以根据长径比来区分,当长径比大于 6 时,在横向荷载作用下发生挠曲,表现出类似于弹性长桩基承载特性;当长径比小于 6 时,在横向荷载作用下发生转动,表现出类似于刚性短桩基承载特性。目前成熟的单桩横向承载力确定方法中,静载试验法由于成本高、操作难度大等原因,不适于超大直径空心独立复合桩基础;现行规范中的推荐的 m 法在设计中应用较为普遍,但由于超大直径空心独立复合桩基础的特殊构造,该方法不能直接应用。

通过研究,超大直径空心独立复合桩基础和普通桥梁桩基础在横向荷载作用下的承载机理类似,因此对规范中推荐的 m 法的计算成果采用修正系数的方法进行确定,以期使用方便且成果能反映工程实际承载力性状。

(1)弹性长桩横向承载力

当超大直径空心独立复合桩基础的长径比 $L/D \geqslant 6$ 时,按弹性长桩计算横向桩身的内力和位移。参照《公路桥涵地基与基础设计规范》(JTG 3363—2019)中 $\alpha h > 2.5$ 时的单排桩柱式桥墩桩柱顶受力时的计算方法,考虑到超大直径空心独立复合桩基础是由空心桩、桩周注浆体、外围水泥搅拌桩墙共同承载变形,复合桩的非岩石地基水平向抗力系数的比例系数 m 在取值上与普通桩基础存在差异,同时桩的计算宽度 b_1 也由于注浆体和水泥搅拌桩的影响而与普通桩基础不同,这两项差异可在普通弹性桩基础水平位移及作用效应的计算公式中用修正系数的方式实现,桩的变形系数 α 在弹性桩水平位移及作用效应计算过程中是第一步,其公式为:

$$\alpha = \sqrt[5]{\frac{mb_1}{EI}} \qquad (7\text{-}8)$$

该式同时包含了地基水平向抗力系数的比例系数 m 桩的计算宽度 b_1，给这两项分别乘以修正系数，则有下式：

$$\alpha = \sqrt[5]{\frac{\zeta_m m \zeta_b b_1}{EI}} = \sqrt[5]{\zeta_m \zeta_b} \cdot \sqrt[5]{\frac{mb_1}{EI}} \qquad (7\text{-}9)$$

式中　ζ_m——地基水平向抗力系数的比例系数的修正系数；

　　　ζ_b——桩的计算宽度的修正系数。

令 $\zeta = \sqrt[5]{\zeta_m \zeta_b}$，则相当于对变形系数 α 做了修正，如下式：

$$\alpha = \zeta \sqrt[5]{\frac{mb_1}{EI}} \qquad (7\text{-}10)$$

式中　ζ——变形系数的修正系数。

对桩的变形系数 α 进行修正，采用修正后的变形系数计算横向荷载超大直径空心独立复合桩的作用效应及位移。ζ 系数推荐取值见表 7-4。

表 7-4　ζ 系数推荐取值表

嵌固类型	L/m	D/m	
		2.5	5.0
非嵌岩	30	3.192	2.379
	50	3.186	2.400

其余符号的含义及其取值以及内力、位移计算公式见桥基规范。

（2）刚性短桩横向承载力

当超大直径空心独立复合桩基础的长径比 $L/D < 6$ 时，按刚性短桩计算横向桩身的内力和位移，参考《公路桥涵地基与基础设计规范》（JTG 3363—2019）中刚性短桩的横向受力计算方法采用的是 $\alpha h < 2.5$ 时的刚性桩计算方法。

对支承在非岩石地基上的普通刚性桩基础，将横向荷载作用下的荷载-位移关系式乘以修正系数 ζ，计算横向荷载超大直径空心独立复合桩基础的作用效应及位移，取桩顶水平位移为 6 mm 时对应的荷载为横向极限承载力。其计算公式如下：

$$H_j = \zeta \frac{(\Delta - \delta_0) Amh}{6(k_1 z_0 + k_2 l_0)} \qquad (7\text{-}11)$$

式中　ζ——修正系数，其推荐取值见表 7-5；

　　　其余符号的含义及其取值见桥基规范。

表 7-5　ζ 系数推荐取值表

D/m	L/m		
	2.5	5.0	10.0
10	1.975	1.290	0.750
20	—	0.400	0.300
30	—	—	0.160

　　对支承在岩石地基上的普通刚性桩基础,将横向荷载作用下荷载-位移关系式中的基础侧面地基抗力和岩石地基抗力进行修正,计算横向荷载超大直径空心独立复合桩基础的作用效应及位移,取桩顶水平位移为 6 mm 时对应的荷载为横向极限承载力。其计算公式如下:

$$H_j = \frac{\zeta(6dc_0w_0 + mh^4b_1)(\Delta - \delta_0)}{12\lambda(k_1z_0 + k_2l_0)} \tag{7-12}$$

式中　ζ——岩石地基抗力和基础侧面地基抗力修正系数。

　　其余符号的含义及其取值见桥基规范。ζ 取值见表 7-6。

表 7-6　ζ 系数推荐取值表

D/m	L/m		
	10	30	50
2.5	0.029 1	—	—
5.0	0.040 0	0.012 4	—
10.0	0.041 2	0.021 8	0.010 9

7.3　超大直径空心独立复合桩基础设计方法

7.3.1　设计内容

　　超大直径空心独立复合桩基础设计内容有桩基的几何参数确定(空心桩、水泥搅拌桩和注浆体)、单桩承载力确定(竖向和横向)、桩基的内力计算及其配筋设计、桩位的平面布设及其与墩柱的连接设计,考虑超大直径空心独立复合桩基础构造特点对设计技术影响的同时,施工中可能出现的各种不良环境,岩土工程的不良效应也应在设计中值得充分重视。

7.3.2 超大直径空心独立复合桩基础几何参数的选择

（1）合理桩长的选择

超大直径空心独立复合桩基础的桩长是影响该桩型承载特性的一个主要因素，在桩径一定的情况下，非支承在基岩或非嵌入基岩内的桩基的桩长十分重要。当桩长较长时，超大直径空心独立复合桩基础在竖向荷载作用下体现出摩擦桩基承载特性，桩基侧摩阻力占总承载力的 70% 以上，当桩长减小时，逐渐体现出端承桩的承载性状。桩长的变化影响承载性状，也关系到桩基施工时的费用，因此考虑经济性和承载能力的要求，超大直径空心独立复合桩基础作为非嵌岩桩设计时，存在合理桩长。

超大直径空心独立复合桩基础作为摩擦桩设计时需要选择合理桩长，桩径一定时，根据超大直径空心独立复合桩基础的摩擦桩竖向承载力公式，桩长按定值（5 m、10 m）增加，计算各级桩长下的总承载力 p_i，当某一级桩长下的承载力 p_i 与前一级桩长对应的承载力 p_{i-1} 相差不超过一限值时，认为该桩长为合理桩长。承载力相对增幅如下式：

$$\Delta_i = \frac{p_i - p_{i-1}}{p_{i-1}} \qquad (7\text{-}13)$$

当 Δ_i 小于限值 Δ 时，认为该级桩长较前一级桩长承载力没有显著提高，即前一级桩长为合理桩长。参照超大直径空心独立复合桩基础承载力随桩长变化的有限元结果，承载力增幅见表 7-7。

表 7-7　承载力增幅

L/m	D/m				
	2.5	3.5	5.0	7.5	10.0
10	0	0	0	0	0
20	28.94%	26.94%	23.91%	19.53%	16.61%
30	20.78%	20.04%	16.93%	14.21%	12.24%
40	16.01%	15.47%	13.90%	11.72%	10.33%
50	13.30%	12.72%	11.62%	10.06%	8.95%

由表 7-7 可以看出，桩径一定时，随着桩长的增加，承载力增幅逐渐降低，参照表中的承载力增幅，当桩长按 10 m 步长增加时，取限值 Δ 为 10%，当桩长按 5 m 步长增加时，取限值 Δ 为 5%。则当 $\Delta_i < 5\% \sim 10\%$ 时，L_{i-1} 为合理桩长。

横向荷载作用下超大直径空心独立复合桩基础存在合理桩长,结合前文中建立的超大直径空心独立复合桩基础横向承载力计算公式与方法,根据横向荷载作用下超大直径空心独立复合桩基础的数值仿真结果,利用 SPSS 数据分析软件对横向承载力 H 进行回归分析。

建立函数关系 $H = f(m, L, D, \dfrac{L}{D})$,回归所得的公式如下:

$$H = 0.11m + 186.55D + 14.58L - 4.1\frac{L}{D} - 999.80 \qquad (7\text{-}14)$$

式中　m——非岩石地基水平向抗力系数的比例系数,kN/m^4;

　　　L——超大直径空心独立复合桩基础桩长,m;

　　　D——超大直径空心独立复合桩基础桩径,m。

对上式进行移项变换,得到横向荷载下超大直径空心独立复合桩基础合理桩长的计算公式如下:

$$L = \frac{HD - 186.55D^2 + 999.80D - 0.11mD}{14.58D - 4.1} \qquad (7\text{-}15)$$

该模型拟合度 $r = 98.4\%$,判定系数 $R^2 = 0.963$,回归方程显著性检验的概率为 0,小于显著性水平 0.05。

(2) 长径比的选择

长径比的选择主要考虑在竖向荷载作用下桩身不产生屈服失稳,在横向荷载作用下不产生转动挠曲确定,在长径比的选择时既保证桩长的合理性,又要保证桩身的安全性。按照桩不出现压屈失稳条件确定桩的长径比,一般来说,仅当桩出地面的桩长较大,或桩侧土为可液化土、超软土的情况下才需要考虑这一问题。

(3) 水泥搅拌桩和注浆体参数的选择

水泥搅拌桩和注浆体是超大直径空心独立复合桩基础的组成部分,与空心桩共同承载、共同变形,因此才称为复合桩基,其几何参数的选择十分有必要。水泥搅拌桩既作为空心桩施工时的围护结构,又作为复合基础的一部分,其长度不应小于空心桩桩长的 1/2,且不宜超过空心桩的桩长;注浆体是连接水泥搅拌桩与空心桩的重要构造,其长度应大于水泥搅拌桩长度,且不宜超过空心桩桩长。

7.3.3　超大直径空心独立复合桩基础设计计算步骤

超大直径空心独立复合桩基础设计计算步骤与构造特点、岩土体工程环境及施工因素等有关。超大直径空心独立复合桩基础的设计计算步骤,如图 7-1 所示。

t—肯定或满足；f—否定或不满足。

图 7-1　桩基础设计计算步骤与程序示意框图

7.4　本章小结

本章探讨了《公路桥涵地基与基础设计规范》中承载力确定方法在超大直径空心独立复合桩基础承载力确定中应用时存在的问题，并在现行规范中桥梁桩基础竖向承载力、横向承载力的设计计算方法基础上进行修正，得到了超大直径空心独立复合桩基础的承载力公式，同时提出了超大直径空心独立复合桩基础合理桩长计算方法，给出了超大直径空心独立复合桩基础设计计算步骤。主要结论如下：

（1）超大直径空心独立复合桩基础竖向承载力计算可按摩擦桩和嵌岩桩设计，在已有规范公式基础上进行修正得到了竖向承载力计算公式，并给出了各公式修正系数的取值范围，其中：

① 摩擦桩竖向承载力计算公式

$$p_j = \zeta_1 u \sum_{i=1}^n q_{ik} l_i + \zeta_2 A_p m_0 \lambda \left[[f_{a0}] + k_1 \gamma_1 (d-2) + k_2 \gamma_2 (h-3) \right]$$

② 嵌岩桩竖向承载力计算公式

$$p_j = \zeta_1 c_1 A_p f_{rk} + \zeta_2 u \sum_{i=1}^m c_{2i} h_i f_{rki} + \zeta_3 \zeta_s U \sum_{i=1}^n q_{ik} l_i$$

（2）超大直径空心独立复合桩基础横向荷载作用下的承载性状按长径比 L/D 划分，给出了横向承载力计算方法，其中：

① 当 $L/D \geqslant 6$ 时，承载力按弹性长桩设计，在 m 法的基础上对桩身变形系数 α 进行修正：

$$\alpha = \zeta \sqrt[5]{\frac{mb_1}{EI}}$$

② 当 $L/D < 6$ 时，承载力按刚性短桩设计，在规范法的基础上对横向承载力进行了修正，支承在非岩石地基上超大直径空心独立复合桩基础横向承载力公式为：

$$H_j = \zeta \frac{(\Delta - \delta_0) A m h}{6(k_1 z_0 + k_2 l_0)}$$

支承在岩石地基上超大直径空心独立复合桩基础横向承载力公式为：

$$H_j = \frac{(6\zeta_1 dc_0 w_0 + \zeta_2 m h^4 b_1)(\Delta - \delta_0)}{12\lambda(k_1 z_0 + k_2 l_0)}$$

（3）结合超大直径空心独立复合桩基础的数值仿真结果，提出了超大直径空心独立复合桩基础合理桩长的计算方法，其中：

① 竖向荷载作用下的合理桩长计算方法

使桩长按定值（5 m、10 m）增加，计算各级桩长下的总承载力 p_i，当某一级桩长下的承载力 p_i 与前一级桩长对应的承载力 p_{i-1} 相差不超过 $5\% \sim 10\%$ 时，认为该桩长为合理桩长。承载力相对增幅公式为：

$$\Delta_i = \frac{p_i - p_{i-1}}{p_{i-1}}$$

当 $\Delta < 5\%$ 时，L_{i-1} 为合理桩长。

② 横向荷载作用下的合理桩长计算方法

根据横向荷载作用下超大直径空心独立复合桩基础的数值仿真结果，利用

SPSS 数据分析软件，得到如下的合理桩长计算公式：

$$L = \frac{HD - 186.55D^2 + 999.80D - 0.11mD}{14.58D - 4.1}$$

（4）从超大直径空心独立复合桩基础的合理桩长、长径比、注浆体、水泥搅拌桩尺寸等方面提出了超大直径空心独立复合桩基础设计方法，并结合自身特点提出了超大直径空心独立复合桩基础设计计算步骤。

参 考 文 献

[1] 陈火红.Marc 有限元实例分析教程[M].北京:机械工业出版社,2002.

[2] 程晔.超长大直径钻孔灌注桩承载性能研究[D].南京:东南大学,2005.

[3] 戴良军,冯忠居,崔林钊,等.超大直径空心独立复合桩横轴向承载力[J].筑路机械与施工机械化,2019,36(6):49-54.

[4] 戴良军,冯忠居,盛明宏,等.超大直径空心独立复合桩基础施工工艺[J].筑路机械与施工机械化,2019,36(3):101-106.

[5] 董芸秀.大厚度 Q_2 黄土场地单桩承载力试验研究[D].兰州:兰州理工大学,2014.

[6] 董芸秀,冯忠居,冯凯,等.振冲沉桩对受损桥梁的影响范围计算与分析[J].应用基础与工程科学学报,2020,28(4):981-992.

[7] 董芸秀,冯忠居,郝宇萌,等.岩溶区桥梁桩基承载力试验与合理嵌岩深度[J].交通运输工程学报,2018,18(6):27-36.

[8] 方焘,刘新荣,耿大新,等.大直径变径桩竖向承载特性模型试验研究(Ⅰ)[J].岩土力学,2012,33(10):2947-2952.

[9] 冯忠居.大直径钻埋预应力混凝土空心桩承载性能的研究[D].西安:长安大学,2003.

[10] 冯忠居.大直径钻埋预应力混凝土空心桩承载性能的研究[J].岩石力学与工程学报,2004,23(5):884.

[11] 冯忠居.特殊地区基础工程[M].北京:人民交通出版社,2008.

[12] 冯忠居,戴良军,董芸秀,等.超大直径空心独立复合桩基与群桩承载力对比[J].筑路机械与施工机械化,2019,36(5):72-79.

[13] 冯忠居,董芸秀,戴良军,等.超大直径空心独立复合桩基础的承载特性研究[J].公路,2019,64(4):95-104.

[14] 冯忠居,董芸秀,文军强,等.宁波深厚软基区公路桥梁桩基承载力计算方法[J].天津大学学报(自然科学与工程技术版),2019,52(S1):16-22.

[15] 冯忠居,胡海波,董芸秀,等.超大直径空心独立复合桩的竖向承载力计算方法[J].长江科学院院报,2019,36(12):91-95.

[16] 冯忠居,胡海波,董芸秀,等.削减桩基负摩阻力的室内模拟试验[J].岩土工程学报,2019,41(S2):45-48.

[17] 冯忠居,上官兴,谢永利.大直径钻埋预应力混凝土空心桩施工工艺[J].筑路机械与施工机械化,2005,22(8):42-43.

[18] 冯忠居,魏炜.大直径钻埋预应力空心桩结构承载力计算[J].长安大学学报(自然科学版),2005,25(3):49-53.

[19] 冯忠居,谢永利.大直径钻埋预应力混凝土空心桩承载力的试验[J].长安大学学报(自然科学版),2005,25(2):50-54.

[20] 冯忠居,谢永利,上官兴.桥梁桩基新技术:大直径钻埋预应力混凝土空心桩[M].北京:人民交通出版社,2005.

[21]《工程地质手册》编委会.工程地质手册[M].5版.北京:中国建筑工业出版社,2018.

[22] 龚维明,霍少磊,杨超,等.海上风机大直径钢管桩基础水平承载特性试验研究[J].水利学报,2015,46(S1):34-39.

[23] 龚晓南.桩基工程手册[M].2版.北京:中国建筑工业出版社,2016.

[24] 顾士坦,施建勇,王春秋,等.劲性搅拌桩芯桩荷载传递规律理论研究[J].岩土力学,2011,32(8):2473-2478.

[25] 何静斌,冯忠居,董芸秀,等.强震区桩-土-断层耦合作用下桩基动力响应[J].岩土力学,2020,41(7):2389-2400.

[26] 黄明,江松,许德祥,等.超大直径变截面空心桩的荷载传递特征与理论模型[J].岩石力学与工程学报,2018,37(10):2370-2383.

[27] 李洪江,童立元,刘松玉,等.大直径超长灌注桩水平承载性能的参数敏感性[J].岩土力学,2018,39(5):1825-1833.

[28] 李晋.大直径钻埋预应力混凝土空心桩受力性状仿真分析[D].西安:长安大学,2003.

[29] 李晋,冯忠居,谢永利.大直径空心桩承载性状的数值仿真[J].长安大学学报(自然科学版),2004,24(4):36-39.

[30] 李晋,谢永利,冯忠居.土体参数对大直径空心桩承载性状影响的仿真分析[J].工程地质学报,2005,13(1):129-134.

[31] 李晋,谢永利,冯忠居.桩身设计参数对大直径空心桩承载性状影响的仿真分析[J].公路交通科技,2005,22(9):102-105.

[32] 刘金砺.桩基础设计与计算[M].北京:中国建筑工业出版社,1990.

[33] 刘新荣,方焘,耿大新,等.大直径变径桩横向承载特性模型试验[J].中国公路学报,2013,26(6):80-86.

[34] 史佩栋.桩基工程手册:桩和桩基础手册[M].北京:人民交通出版社,2008.

[35] 王伯惠,上官兴.中国钻孔灌注桩新发展[M].北京:人民交通出版社,1999.

[36] 王成雷,王建华,冯士伦.土层液化条件下桩土相互作用 $p\text{-}y$ 关系分析[J].岩土工程学报,2007,29(10):1500-1505.

[37] 肖宏彬.竖向荷载作用下大直径桩的荷载传递理论及应用研究[D].长沙:中南大学,2005.

[38] 徐光明,章为民.离心模型中的粒径效应和边界效应研究[J].岩土工程学报,1996,18(3):80-86.

[39] 张书廷.无承台大直径钻埋预应力空心桩墩施工技术通过鉴定[J].中国公路学报,1992,5(2):75.

[40] 张忠苗,辛公锋,吴庆勇,等.考虑泥皮效应的大直径超长桩离心模型试验研究[J].岩土工程学报,2006,28(12):2066-2071.

[41] 赵明华.桥梁桩基计算与检测[M].北京:人民交通出版社,2000.

[42] 中国建筑科学研究院.建筑桩基技术规范:JGJ 94—2008[S].北京:中国建筑工业出版社,2008.

[43] 中交公路规划设计院有限公司.公路桥涵地基与基础设计规范:JTG 3363—2019[S].北京:人民交通出版社,2020.

[44] 朱百里,沈珠江.计算土力学[M].上海:上海科学技术出版社,1990.

[45] 朱彦鹏,董芸秀,包泽学,等.超大厚度 Q_2 黄土场地单桩承载力试验研究[J].岩石力学与工程学报,2014,33(S2):4375-4383.

[46] ASLANI F,UY B,HUR J,et al. Behaviour and design of hollow and con-crete-filled spiral welded steel tube columns subjected to axial compres-sion[J]. Journal of constructional steel research,2017,128:261-288.

[47] DI LAORA R,ROVITHIS E. Kinematic bending of fixed-head piles in nonhomogeneous soil[J]. Journal of geotechnical and geoenvironmental engineering,2015,141(4):04014126.

[48] DONG Y X,FENG Z J,HE J B,et al. Bearing characteristics of large-di-ameter hollow composite pile[J]. Journal of physics:conference series,2019,1168:022069.

[49] DONG Y X,FENG Z J,HE JB,et al. Seismic response of a bridge pile foundation during a shaking table test[J]. Shock and vibration,2019,2019:9726013.

[50] DONG Y X,FENG Z J,HU H B,et al. The horizontal bearing capacity of

composite concrete-filled steel tube piles[J]. Advances in civil engineering,2020,2020:3241602.

[51] FENG Z J,HU H B,DONG Y X,et al. Effect of steel casing on vertical bearing characteristics of steel tube-reinforced concrete piles in loess area [J]. Applied sciences,2019,9(14):2874.

[52] MATLOCK H,REESE L C. Generalized solutions for laterally loaded piles[J]. Journal of the soil mechanics and foundations division,1960,86 (5):63-92.

[53] MCNAMARA A M,SUCKLING T P,MCKINLEYB,et al. A field trial of a reusable, hollow, cast-in-situ pile[J]. Proceedings of the institution of civil engineers-geotechnical engineering,2014,167(4):390-401.

[54] RANDOLPH M F,WROTH C P. An analysis of the vertical deformation of pile groups[J]. Géotechnique,1979,29(4):423-439.

[55] SEED H B,REESE L C. The action of soft clay along friction piles[J]. Transactions of the American society of civil engineers,1957,122(1):731-754.